高职高专"十三五"规划教材

江苏高校品牌专业建设工程资助项目（编号：PPZY2015B180）

职业教育改革发展示范校建设成果

有机化工生产运行与操控

李瑞　谢伟·编　　徐红·主审

化学工业出版社

·北京·

《有机化工生产运行与操控》主要介绍了乙烯、乙醛、乙酸、丙烯腈、丁二烯、苯乙烯等典型有机化工产品的生产技术，并简述了化工产品的包装贮运技术、安全生产技术。对有机化工产品的节能措施、新技术等做了"知识小站""查一查"。每个项目都配套了章节练习，便于读者及时复习。

本书重点突出，脉络清晰，以"产品调研—生产原理—工艺条件—典型设备—工艺流程—安全生产知识"为主线，进行教材内容的组织，具有实用性、典型性和先进性，既可作为高职高专院校化工技术类专业的学习教材，也可作为从事化工、石化及相关行业的技术人员参考用书。

图书在版编目（CIP）数据

有机化工生产运行与操控/李瑞，谢伟编. —北京：
化学工业出版社，2019.2（2024.8重印）
高职高专"十三五"规划教材. 江苏高校品牌专业
建设工程资助项目（编号：PPZY2015B180）
ISBN 978-7-122-33620-0

Ⅰ.①有… Ⅱ.①李…②谢… Ⅲ.①有机化工-化工
生产-高等职业教育-教材 Ⅳ.①TQ206

中国版本图书馆 CIP 数据核字（2019）第 002284 号

责任编辑：刘心怡　蔡洪伟　　　　　　　　　　装帧设计：关　飞
责任校对：边　涛

出版发行：化学工业出版社（北京市东城区青年湖南街 13 号　邮政编码 100011）
印　　装：北京七彩京通数码快印有限公司
787mm×1092mm　1/16　印张 7¼　字数 177 千字　　2024 年 8 月北京第 1 版第 3 次印刷

购书咨询：010-64518888　　售后服务：010-64518899
网　　址：http://www.cip.com.cn
凡购买本书，如有缺损质量问题，本社销售中心负责调换。

定　　价：27.00 元　　　　　　　　　　　　　　　　版权所有　违者必究

前　言

　　本书依据教育部高职高专化工技术类专业指导委员会、中国化工教育协会审定的"有机化工生产运行与操控"课程的基本要求编写而成。

　　本书筛选了 6 个化工产品项目,以乙烯、乙醛、乙酸、丙烯腈、丁二烯、苯乙烯这 6 个典型有机化工产品为项目载体,结合化工生产实际,采用"工厂化"理念和"工程化"语言,以"产品调研、生产原理的学习、工艺条件的确定、典型设备的选择、工艺流程的组织、安全生产知识的培养"等为工作任务编写。本书开发了"知识小站""查一查"等板块,简述了产品的节能措施、新技术、新工艺等,充分体现有机化工生产的现状和发展方向。本书培养学生主动解决生产中实际问题的能力,注重提升学生的团队合作意识、节能环保意识、安全生产意识。

　　本书配套有数字化教学资源,每个项目包括电子课件、练习、项目考核等数字化资源。欢迎大家登录智慧职教平台学习"有机化工生产运行与操控"课程。

　　本书的绪论由扬州工业职业技术学院谢伟编写,项目 1～项目 6 由扬州工业职业技术学院李瑞编写,本书编写过程中得到了中石化扬子石化、中石化金陵石化等企业工程技术人员的帮助和支持,在此表示感谢。全书由扬州工业职业技术学院徐红教授主审。

　　在编写教材的过程中,笔者参考了大量的文献资料,在此特向文献资料作者表示感谢。由于编者水平有限,在内容和设计上可能存在不足之处,欢迎广大专家和同行批评指正。

编者

2018 年 12 月

目　录

项目2　乙醛的生产技术 /34

项目3　乙酸的生产技术 /46

项目4　丙烯腈的生产技术 /62

绪 论

学习要点：

1. 了解化学工业的历史及发展；
2. 理解化学工业的分类；
3. 理解有机化学工业的定义、特点；
4. 理解本课程的学习方法。

工作任务 1　化学工业概述

化学工业又称化学加工工业，是以天然物质或其他物质为原料，经过工业过程使这些原料的性质或形态发生变化，组合、加工成对国计民生有价值的化学产品的工业，泛指生产过程中化学方法占主要地位的过程工业。化学工业从 19 世纪初开始形成，随着科学技术的发展，它由最初只生产纯碱、硫酸等少数几种无机产品和主要从植物中提取茜素制成染料的有机产品，逐步发展为一个多行业、多品种的生产部门，出现了一大批综合利用资源和规模大型化的化工企业。

一、化学工业的分类

以前按照产品元素分，把化学工业部门分为无机化学工业和有机化学工业两大类，前者主要有酸、碱、盐、硅酸盐、稀有元素、电化学工业等；后者主要有合成纤维、合成树脂、合成橡胶、化肥、农药等工业。随着化学工业的发展，跨类的部门层出不穷，逐步形成以酸、碱、化肥、农药、有机原料、合成树脂、合成橡胶、合成纤维、染料、涂料、医药、感光材料、合成洗涤剂、炸药等为门类的生物化工、高分子化工、精细化工。如果考虑原料来源和加工特点，则又分为石油化工、煤化工、天然气化工、油页岩加工、生物化工等，它们之间存在着相互交叉依存的关系。

与其他工业相比，原料、生产方法和产品的多样性与复杂性是化学工业独具的特点，化学工业可从不同的原料出发制造同一产品，也可用同一原料制造许多不同的产品。因此，化学工业是一个灵活性很强的工业。

二、世界化学工业的发展

化学工业一直是同发展生产力、保障人类社会生活必需品和应付战争等过程密不可分的。从对天然物质进行简单加工以生产化学品到深度加工创造出自然界根本没有的产品，它对于历史上的产业革命和当代的新技术革命等起着重要作用，足以显示出其在国民经济中的重要地位。

化学工业的发展大致可以划分为四个时期。

第一时期是古代的化学加工阶段（远古时期～18 世纪中叶）。这一时期的代表工艺有制陶、酿造、冶炼。远古时期，火的利用不仅是人类文明的起点，也是人类化学化工生产史的第一个伟大进步。火的使用，使人们得以烧制陶器，形成了最早的硅酸盐化学工艺。考古发现，至少在 10000 年以前中国人已掌握了用窑穴烧制陶器的技艺；后来，随着社会生产力的进步，又出现了金属冶炼工艺与酿造工艺，人类在大约公元前 5000 年由石器时代进入铜器时代，而后又在公元前 1200 年步入了所谓的铁器时代。埃及人在 5000 年以前的第三王朝时期开始酿造葡萄酒，并在生产过程中用布袋对葡萄汁进行过滤。但在相当长的时期里，这些操作都是规模很小的手工作业。

第二时期是化学工业的初级阶段（18 世纪中叶～20 世纪初）。这一时期的代表产品有硫酸、纯碱。随着英国工业革命的兴起，纺织业的机械化使纺织品产量大幅度增加，漂白染色等工艺需要大量的酸、碱。肥皂、造纸等工业对于酸碱的需求也大大增加，这就促进了无机化学工业的发展。18世纪中叶，英国人首先用铅室法以硫黄和硝石为原料生产硫酸。1783年，法国人卢布兰提出了以氯化钠、硫酸、煤为原料的制碱法。此法不仅能生产纯碱，许多化工产品如盐酸、漂白粉、烧碱等也围绕着这个方法展开。从此，以无机酸碱为核心的近代化学工业开始蓬勃发展。随着人口的增加，粮食的需求也日益增大，现代化肥、农药的生产随之迅猛发展。19世纪40年代到第一次世界大战是化肥工业的萌芽时期。那时，人类企图用人工方法生产肥料，以补充或代替天然肥料。1840年，英国人 J. B. 劳斯用硫酸分解磷矿制得一种固体产品，称为过磷酸钙。1842年他在英国建了工厂，这是第一个化肥厂。1890年，随着氯气使用量的增加，用电解法制取氯气和烧碱的方法诞生了，电化学工业就此兴起。1913年，用氢气和氮气合成氨的哈伯法在德国第一次建厂，它为氮肥工业的发展开拓了道路，标志着合成氨工业的巨大进步。1922年，用氨和二氧化碳为原料合成尿素的第一个工厂在德国投入生产。各种新型肥料的出现，使农业生产水平又达到了一个新的高度。

第三时期是化学工业大发展阶段（20世纪初至20世纪40~50年代）。这一时期的代表工业有合成氨、石油化工、高分子化工、精细化工。合成氨工业在20世纪初期形成，最初合成氨主要作为火炸药的原料，为战争服务，第一次世界大战结束后，转向为农业和工业服务。1942年，中国制碱专家侯德榜研究出了侯氏制碱法，此法联合生产纯碱和氯化铵，使原料得以综合利用。随着社会的进步，生产在发展，煤化工逐渐被石油化工所取代。石油的炼制、裂化和重整为化学工业提供了大量原料。这就促进了合成树脂、人造纤维、人造橡胶等现代化学工业的发展。

① 石油化工工业。

1920年，美国新泽西标准石油公司采用丙烯水合制异丙醇生产技术，这是大规模发展石油化工的开端。

1939年，美国标准油公司开发了临氢催化重整技术，成为芳烃的重要来源。

1941年，美国建成第一套以炼厂气为原料的管式裂解炉制乙烯的技术装置。

20世纪80年代，90%以上的有机化工产品来自石油化工。例如，氯乙烯、丙烯腈等。

② 高分子化工工业。

20世纪30年代，建立了高分子化学体系。

1931年，氯丁橡胶在美国实现工业化。

1937年，德国法本公司开发丁苯橡胶获得成功。

1937年，聚己二酰己二胺（尼龙66）合成工艺诞生。

1939年，高压聚乙烯（用于海底电缆及雷达）、低压聚乙烯、等规聚丙烯的开发成功，为民用塑料开辟了广泛的用途。这一时期还出现了聚四氟乙烯。

20世纪40年代实现了腈纶、涤纶纤维的生产。

20世纪50年代形成了大规模生产合成树脂、合成橡胶和合成纤维的产业。

③ 精细化工工业。为满足人们生活的更高需求，产品批量小、品种多、性能优良、附加值高的精细化工也很快发展了起来，如在染料、农药、医药、涂料等行业发展迅猛。化工生产的精细化率和绿色化水平得到提高。

第四时期是现代化学工业阶段（20世纪60~70年代开始）。这一时期的代表产品有超纯物质、新型材料。这是化学加工业真正实现大规模生产的主要阶段，一些主要领域都是在这一时期形成的。合成氨和石油化工得到了发展，高分子化工进行了开发，精细化工逐渐兴起。生产装置实现系列产量最大化，过程连续化、自动化、智能化。大部分产品呈现越来越畅销的态势，资源型、耗能型产品有时会出现供不应求的局面，进出口的量进一步增长，外贸逆差缩小，而全行业面临的资源紧张、能源紧张和环境压力三大制约因素进一步突出。

现代化学工业的发展重点在石油化工、农用化学品、煤化工等领域，与国民经济重点产业配套的精细化工和专用化工产品、生物化工和环保型产品将成为新的化工热点。各地大型化学工业园区的建设将有快速的发展。随着世界新技术革命的进一步深入、国际化工技术装备的不断进步及市场需求和资源情况的变化，国际化工格局在不断演变。高科技同化工产业的高效融合大大提升了化工装备及工艺等，这对化工产业不断开发新产品、新材料提出了更高的要求。随着人民生活水平和需求的提升，化工市场将迎来更高的发展方向与市场消费格局，将推动国际化工向更广、更深、更高的层次发展。

三、我国化学工业的发展

中国最早的化学工业可以追溯至古代的炼丹术和冶金术、四大发明、铜铸编钟，可惜的是，长期以来并未形成一个完整的结构和体系。中国近代化学工业始于 1876 年天津机械局用铅室法生产硫酸，但一直发展缓慢。第一次世界大战期间，由于西方列强无暇东顾，给中国民族工业的发展创造了良好的市场机会，上海、天津、青岛等沿海城市的工业生产获得发展，而化学工业因与国民生活和生产密切相关，更得到了快速发展。20世纪初期，随着世界化学工业的发展，中国基础化学工业进入了创立时期，以"北范南吴"为代表的民族工业开始生产纯碱、烧碱、合成氨、硫酸、硝酸、盐酸、漂白粉等化工原料。"中国民族化学工业之父"范旭东于 1914 年在天津创办了久大精盐公司，于1917 年依托久大精盐创办了"永利制碱公司"。著名的化工实业家，我国氯碱工业的创始人吴蕴初，在我国创办了第一个味精厂、氯碱厂、耐酸陶器厂和生产合成氨与硝酸的工厂。当时全世界只有日本生产味精"味之素"，而吴蕴初自己研制出中国的味精，价格比日本低很多，很快销售到东南亚。同时，国营兵工厂也生产硫酸、硝酸、炸药等产品，在玉门还建立了石油基地。20 世纪中期，我国化学工业发展非常缓慢，化工科学技术的基础十分薄弱，主要生产盐酸、硫酸和硝酸等产品，用于燃料、炸药、药剂等领域，这些也是军工企业的必需品。

改革开放以后，我国相继引进了一大批先进技术和装置，并通过对原用装置进行技术挖潜和技术改造、节能减耗，使化学工业得到突飞猛进的发展。1996 年，我国尿素产量已居世界首位；1998 年化学纤维产量已超过美国，居世界首位。2007 年我国乙烯总产量已突破1000 万吨，拥有 18 个规模在 60 万吨以上的乙烯装置。

目前，我国化学工业需要进一步优化产业结构，努力提高产品质量，节能减排，降低生产成本，强化环境保护，重视安全生产，建立现代企业制度，培养技术人才，继续走引进、消化、吸收、创新道路，坚持重在创新上下功夫的化学工业发展的思路，努力赶超世界先进水平。

为了推进我国化工行业供给侧结构性改革，要解决好四个矛盾，即行业存量与增量的矛盾，产能过剩与市场选择性短缺的矛盾，高端化发展需求迫切与技术创新不足的矛盾，产业发展与社会和自然环境的矛盾。"十三五"期间，我国化工行业发展趋势将体现在六个方面。一是行业总量将稳定增长，到 2020 年总产值可达 16 万亿元。二是市场规模将发展扩大，国内大多数化工产品消费量可保持年均 5% 以上增长速度，其中化工新材料、高端专用化学品等年均增长率可达 8% 至 10%。三是供应能力将优化提升，通过淘汰技术落后、高耗能企业等措施化解过剩产能，加快发展新能源、新材料等战略性新兴产业和生产性服务业。四是优化调整产业结构，大力开拓化工新材料、专用化学品、高端装备制造、新能源、节能环保、信息生物等高端市场，提高高端产品自给率和占有率。五是合理调控产业布局，西部、东北等资源丰富地区结合区域市场发展下游产业链，华东、华北、华南等地区依靠内地原材料和进口资源，发展差异化产品和高端、环保类产业。六是将进一步推进全行业节能减排，践行清洁生产。

知识小站 ▶▶▶

范旭东

吴蕴初

范旭东（1883—1945年），湖南人。中国化工实业家，中国重化学工业的奠基人，1937年生产出中国第一批硫酸铵产品。1943年研究开发成功了联合制碱新工艺，被称作"中国民族化学工业之父"。吴蕴初（1891—1953年），中国近代化工专家，著名的化工实业家，中国氯碱工业的创始人。在中国创办了第一个味精厂、氯碱厂。他们被称为"北范南吴"，为中国化学工业的兴起和发展做出了卓越的贡献。

工作任务2　有机化工工业概述

有机化工工业是指利用自然界存在的原料，通过各种化学加工方法，制成一系列有机产品的工业部门。其涉及范围较广，如石油炼制工业、石油化学工业、有机精细化工、高分子化工、食品化工等。

一、有机化工产品的分类

有机化工产品可以按照产品加工的程度分为一次产品、二次产品、三大合成材料、精细化学品等。

一次产品：三烯（乙烯、丙烯、丁二烯）；三苯（苯、甲苯、二甲苯）；一炔（乙炔）；一萘（萘）；合成气（CO、H_2）。

二次产品：醇、醛、酮、羧酸、酯、醚等（甲醇、乙醇、异丙醇、丁醇、辛醇、甲醛、乙醛、丙酮、乙酸、环氧乙烷、环氧丙烷、甘油、苯酚、苯酐）。

三大合成材料：合成树脂、合成纤维、合成橡胶。

精细化学品：农药、染料、涂料、颜料、试剂和高纯物质、食品和饲料添加剂、黏合剂、催化剂和各种助剂等。

也可以按照产品中碳原子的个数依次分为 C_1 产品、C_2 产品、C_3 产品、C_4 产品❶、芳烃系列产品。

---

❶　C_1 即指碳原子数为1的有机化合物，C_2 即指碳原子数为2的有机化合物，以此类推。

二、有机化工工业的特点

1. 生产规模大

有机化工生产装置具有流程长、设备大的特点，很多情况下都是连续化生产，发展模式呈现大型化、基地化和一体化的趋势。

2. 原料技术路线多

化工产品的生产不是完全靠一种原料就能够完成的，只要有一种原料配比较小或缺失，就会大大影响化工生产，因此化学工业原料来源逐步趋于多元化，产品生产的工艺路线多。比如乙醇的生产，可以用乙炔水合法制取乙醇，也可以用乙烯氧化法制取乙醇，还可以通过生物发酵法制取乙醇。

3. 综合利用率高

石油裂解反应生成的裂解气经过分离，可以得到乙烯、甲烷、氢气等，这些产品可以继续生产甲醇、氨，甲醇氧化得甲醛，氨又可以生产化肥。

4. 技术先进

有机化工生产技术的发展离不开新催化剂的开发、化工仪表的智能化，其技术先进、自动化程度高。

5. 处理物料危险、安全技术要求高

有机化工工业原料、产品多数是有毒、易燃、易爆物品，其物理、化学性质决定了生产操作的不安全性，因此要求操作人员应当充分了解产品的性质，做好安全防护，操作中严格按照操作规程进行化工生产，避免人为事故的发生。

三、有机化工工业的发展

1. 有机化工工业发展现状

有机化工是石油化工的重要组成部分，有机化工工业对于保证国家石油工业的发展非常重要。有机化工工业是以石油、煤等为基础原料生产各种有机原料的工业，有着非常丰富的化工产品品种。在19世纪末，碳化钙电炉工业生产使用煤和乙炔合成基本有机产品。之后由乙炔制四氯乙烷、乙醛、乙酸等工业生产逐渐发展起来，煤在工业上也逐渐得到应用，成为合成气或者一氧化碳合成基本有机产品的原料。之后石油炼制工艺工业不断发展，石油烃类合成有机产品的相关技术逐渐成熟。烃类合成工业逐渐成为有机化工原料合成的主流，所以对于有机化工来说，石油化工是最主要的部分。原油、石油馏分经过分离处理能够获得芳香烃原料，重整汽油以及裂解汽油中能够获得脂肪烃等原料，石油馏分也有一部分能够用作有机化工原料。

随着科技的不断进步，有机合成技术与人们的生活联系越来越紧密，现代社会最受关注的食品药品安全问题，也是精细化工产业不断发展的产物。食品添加剂、高效药物等，都是精细化工产业的代表性成果。现在，越来越多的研究人员参与到食品药品相关的各类有机化合物合成研发当中，期望可以改变有机化合物合成方法，从源头上保证食品和药品质量安全。

有机化工产业的发展极大地改善了人类生活，虽然有机化工产业的发展带来了一定的环保问题，但是随着技术的不断创新发展，相信未来的有机化工产业会更好地为全人类服务。

2. 我国有机化工工业存在的不足

我国有机化工工业的发展虽然呈现出蒸蒸日上的态势，但是在和当前经济社会形势发展相适应的过程中也存在一些问题：

① 我国有机化工工业整体技术相对落后，与国际先进水平还有一定距离；

② 我国有机化工工业的生产工艺还不够完善，生产过程排污量较大；

③ 我国有机化工工业的生产设备主要依赖进口，缺乏自主创新，诸多现实问题亟待解决；

④ 营销策略针对性较差，售后服务跟不上等。

3. 我国有机化工工业的发展建议

① 持续扩大产能，提升产品自给率。需运用世界生产与消费重心朝着国内转移的契机，从提升行业开工率与持续扩大产能方面着手，提升我国有机原料产品的自给率，以提高市场份额。

② 有效处理原料供应问题。随着我国乙烯工业的不断壮大，我国炼油乙烯项目也在投产，诸多有机原料在国内的供应情况则会获得有效改善。并且，需积极打开国外原料供应途径，从而确保我国有机原料行业的稳步发展，以便打破原料供应的阻碍。

③ 协调产业结构，提高研发力度，积极打开市场。有机原料的竞争愈发激烈，市场份额愈发减少。为确保并扩大原本市场份额，企业则需提升本身技术水准、提高研发力度，有效提升产品的性能与品质，令产品的类别不断丰富，尤其在合成树脂、合成橡胶、合成纤维的发展方面，需要满足有机原料数量以及质量。

④ 提升科技含量。近年来，我国有机原料行业在获得长远发展的状态下，有些项目则更加关注规模与能力的拓展，并未注重质量、技术含量、综合效益等方面，从而依旧是高投入、高损耗、高污染的粗放型增长形式。所以有机化学合成技术、高新分离技术、多功能化工设备、绿色化学技术等就更为重要，急需推广。原料的发展需要依照循环经济的概念，有效改变增长形式，在节能、节水、节省土地方面不断努力，有效提升科技含量。

⑤ 研发自主创新生产设备。随着当前改革开放的深入发展，经济社会转型和环保理念深入人心，给化工产业的转型和发展带来了新的挑战和机遇。目前我国化工产业发展对国外进口依赖最大的生产设备，设备过度依赖进口导致化工行业在发展之初就要面临巨大的设备成本支出。研发自主创新生产设备是国家对化工行业技术研发提出的新要求。

综上所述，有机化工产业在我国经济的发展当中占有极其重要的地位，在有机化工产业不断完善下，相应的化工产品也获得了有效的完善，顺应了可持续发展的科学理念。为符合时代发展标准，加快产业发展的速度以及相应化工企业的发展、强化基本有机化工原料的开发，则变成当前化工企业需要注重的方面。所以，需提高有机化工原料开发的力度，提升有机化工生产的效率，保障化工产品的质量，加强研发核心技术设备，从而提高企业的经济效益。

四、本课程内容及学习方法

1. 学习内容

有机化工生产运行与操控是一门介绍有机化工产品生产过程的课程。包括反应原理、反应条件、工艺条件、最优工艺路线选择和工艺流程与主要反应设备等方面。本课程主要学习内容：烃类热裂解，C_2、C_3、C_4 及芳烃系列典型产品的生产技术和化工生产典型操作技术。C_1 产品，主要是指甲醇系列产品，我们在"无机化工生产运行与操控"这门课程中会专门学到，本教材中省略讲解。

2. 学习方法

本课程的学习方法有：课前复习相关的基础课程；加强预习、复习等工作，及时完成作业；加强自学能力的培养；阅读相关产品的参考资料。学习中重点把握以下几个方面：

① 原料。原料基本要求及处理。

② 产品。产品生产背景、质量要求。

③ 生产技术。生产原理（化学反应原理）及方法。

④ 操作控制。工艺过程影响因素分析及工艺操作条件确定。

⑤ 过程路线组合。工艺流程及流程图。

⑥ 产品质量控制。产品的分离、精制提纯过程原理及方法。

⑦ 设备。采用的主要设备（设备原理、结构、材质等）。

⑧ 环境。安全、环保及职业卫生。

⑨ 经济。工程经济分析（效益分析）。

━━━━━━━ 章节练习 ━━━━━━━

一、选择题

1. 有机化工一次产品中的"三烯"不包括（　　）。

A. 乙烯　　　　　B. 丙烯　　　　　C. 丁烯　　　　　D. 丁二烯

2. 氢气、一氧化碳可用作生产（　　）的原料。

A. 丙烯　　　　　B. 乙酸　　　　　C. 甲醇　　　　　D. 合成气

3. "三苯"不包括（　　）。

A. 苯　　　　　　B. 甲苯　　　　　C. 乙苯　　　　　D. 二甲苯

二、填空题

1. 化学工业按产品元素构成可分为两大类：_____ 和 _____。

2. "北范南吴"为中国化学工业的兴起和发展作出了卓越的贡献，他们是 _____、_____。

3. 三大合成材料是指 _____、_____、_____。

三、简答题

1. 什么是有机化学工业？它的主要产品有哪些？

2. 从石油和天然气中获得基本有机原料有哪些途径？

3. 本书主要介绍的内容有哪些？

项目 1 乙烯的生产技术

学习要点：

1. 了解乙烯的性质、用途、来源和生产情况；
2. 能分析影响烃类热裂解反应的工艺条件；
3. 了解裂解炉的结构特点；
4. 理解烃类热裂解的反应机理；
5. 掌握轻柴油裂解制乙烯的工艺流程组织；
6. 了解乙烯生产中的节能措施。

工作任务 1   乙烯的产品调研

一、乙烯的性质及用途

1. 乙烯的性质

乙烯，分子式 C_2H_4，分子量 28.06。乙烯为无色气体，略具烃类特有的臭味，少量乙烯具有淡淡的甜味，不溶于水，微溶于乙醇、酮、苯，溶于醚、四氯化碳等有机溶剂，其主要物理性质见表 1-1。常见的乙烯贮罐见图 1-1。

表 1-1   乙烯的主要物理性质

熔点/℃	沸点/℃	临界温度/℃	临界压力/MPa	自燃点/℃	爆炸范围(体积分数)/%
−169.4	−103.9	9.9	4.97	450	2.7~36(在空气中)

图 1-1   乙烯贮罐

乙烯的化学性质，主要表现在以下四个方面。

（1）加成反应   乙烯分子中的双键易于断裂，能与氢气、氯气、卤化氢以及水等在适宜的反应条件下发生加成反应。如加氢反应：

$$CH_2\!=\!\!CH_2 + H_2 \xrightarrow{\text{Pt,Pb 或 Ni}} CH_3\!-\!CH_3（乙烷）$$

（2）氧化反应   乙烯能被氧气直接氧化，也能被其他氧化剂氧化。

$$2CH_2\!=\!\!CH_2 + O_2 \xrightarrow[230\sim250℃]{Al_2O_3} 2H_2C\overset{\displaystyle\diagup\ \diagdown}{\underset{O}{}}CH_2（环氧乙烷）$$

（3）水合反应   乙烯水合法生产乙醇，反应方程式如下：

$$CH_2\!=\!\!CH_2 + H_2O \xrightarrow[H_3PO_4]{\substack{280\sim300℃ \\ 6.86\sim7.84MPa}} CH_3\!-\!CH_2\!-\!OH（乙醇）$$

（4）聚合反应   在适当温度、压强和有催化剂存在的情况下，乙烯双键里的一个键会断裂，分子里的碳原子能互相结合成为很长的链，产物为聚乙烯。

$$nCH_2\!=\!\!CH_2 \xrightarrow[160\sim200℃]{98.0\sim196MPa} +\!(CH_2\!-\!CH_2)_n\!-（聚乙烯）$$

2. 乙烯的地位及用途

乙烯作为一种无色易燃气体，是石化工业中的一种基本原料。乙烯与其生产过程中所产生的丙烯等副产品都在人们的生活与生产领域中得到广泛的应用，而乙烯工业的产能以及生产工艺也是衡量一个国家工业实力以及科技水平的重要标准。近年来，乙烯产能需求不断增加，而主要原料石油资源日益匮乏，这在一定程度上制约了乙烯工业的发展。

乙烯是石油化工产业的核心，其产品占石化产品的 70% 以上，在国民经济中占有重要地位。在合成材料方面，大量用于生产聚乙烯、聚氯乙烯、聚苯乙烯等；在有机合成方面，广泛用于合成乙醇、环氧乙烷及乙二醇、乙醛等多种基本有机合成原料；其他方面，乙烯可用作石化企业分析仪器的标准气。此外，乙烯还可用作水果的环保催熟气体等。

二、乙烯的生产状况

1. 国外乙烯生产状况

2016年，世界乙烯总产能达约1.62亿吨/年，世界乙烯装置达到301座，平均规模为53.8万吨/年。世界主要地区乙烯装置建成投产进入间歇期，新增乙烯产能大幅减少，合计净增产能约300万吨/年。2016年，亚太地区乙烯产能已达5520万吨/年，北美地区乙烯产能为3640万吨/年，中东乙烯产能维持在2920万吨/年（见图1-2）。中东对西欧乙烯的领先优势将继续扩大，在世界乙烯生产中的地位继续提升。世界各国乙烯产能排位中美国仍位居首位，中国、沙特阿拉伯仍位列第二、第三位。印度的乙烯产能已达712万吨/年，成为世界第五大乙烯生产国；日本由于近两年连续关闭一些装置，其排名跌至第九名。预计未来几年世界乙烯产能扩张将进一步加速，除中国和印度外，多数新增产能集中在美国地区，这也标志着美国页岩气革命引发的化工周期进入了高速扩张期，但是未来因中东和东北亚地区消费增速放缓，全球乙烯产能增长总体仍将落后于需求增长。

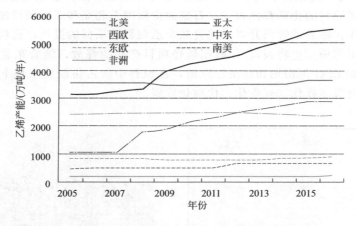

图1-2　2005—2016年世界各地区乙烯产能变化情况

2. 国内乙烯生产状况

近年来，随着国民经济的快速发展，我国乙烯工业发展迅速，乙烯产能和需求量均呈现增长态势，产能从2011年的1536.5万吨增至2015年的2137.5万吨，年均增幅为6.8%；产量从2011年的1553.6万吨增至2015年的1730.3万吨，年均增幅为2.2%；当量需求量从2011年的3132.4万吨增至2015年的3733.0万吨，年均增幅为3.6%。截至2015年底，我国共有乙烯生产装置45套，石脑油裂解制乙烯和煤（包括MTO）制乙烯分别占乙烯总产能的84.7%和13.1%。2016年，我国新增乙烯产能140万吨/年，达到2261万吨/年，全部新增产能均来自煤/甲醇制烯烃项目。2017年国内乙烯产能新增189万吨/年，达到2450万吨/年，新增产能来自神华宁煤煤基石脑油裂解项目投产，这也是在直接原料多样化后，国内乙烯行业间接原料多样化的首套项目。

表1-2反映了2015年我国乙烯主要生产厂家的生产能力。

表 1-2 2015 年我国乙烯主要生产厂家的生产能力

企业名称	生产能力/(万吨/年)	企业名称	生产能力/(万吨/年)
独山子石化公司	122.0	镇海炼化公司	110.0
大庆石化公司	120.0	福建炼化公司	110.0
齐鲁石化公司	80.0	茂名石化公司	100.0
中沙（天津）石化	100.0	中韩（武汉）石化公司	80.0
上海赛科石化公司	114.0	吉林石化公司	85.0
扬子巴斯夫有限责任公司	74.0	抚顺石化公司	94.0
扬子石化公司	80.0	四川乙烯石化公司	80.0

查一查

查阅资料了解你所在的省份乙烯生产的主要厂家及生产的规模。

三、乙烯的原料来源及生产路线

1. 乙烯的原料来源

10 多年前世界约有 25%～35% 的乙烯是以乙烷为原料生产的。目前，世界约有 55% 以上的乙烯是以石脑油为原料由裂解装置生产的。2015—2017 年乙烯生产主要原料结构变化见图 1-3。由此可见，其原料中乙烷、液化石油气（LPG）和石脑油占原料总量的 90% 以上，而柴油作乙烯原料的比例都比较少。石脑油份额因东北亚和亚洲项目建设放缓，继续下降。预计今后几年，随着油价回升以及北美数个乙烷裂解项目的投产，乙烷为原料的份额将重拾上升趋势，甲醇份额也将因煤/甲醇制烯烃项目产能的释放，随着东北亚装置的投产继续提高，而柴油和 LPG 因市场和经济性原因，在原料中所占份额将出现下降。从发展趋势来看，乙烯原料向着多样化、轻质化、优质化发展。

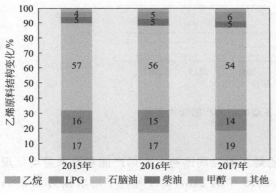

图 1-3 2015—2017 年全球乙烯
原料结构变化（数据来源：HIS）

图 1-4 乙烯生产工厂远眺图

2. 乙烯的生产方法

世界乙烯工业正在发生重大变化：以使用廉价原料和贴近新兴市场为特点的新一轮乙烯生产能力扩张正在进行；乙烯装置规模趋向大型化（图 1-4），产业集中度不断提高；传统乙烯生产技术不断取得新进展，如蒸汽裂解技术、低碳烯烃转化技术、以甲醇为原料制低碳烯烃技术、乙醇脱水制乙烯技术等。

（1）蒸汽裂解技术　在蒸汽裂解制乙烯技术中，主要设备是管式裂解炉，它以间壁加热方式为烃类裂解提供热量。通常先在对流段中将管内的烃和水蒸气混合物预热至开始裂解的温度，再将烃和水蒸气混合物送到高温辐射段进行裂解。该法反应条件苛刻，反应中生成焦炭并沉积在炉管壁上，必须定期清焦。管式裂解炉技术比较有代表性的单位有美国鲁姆斯（Lummus）公司、美国 S&W 公司、德国 Linde 公司、荷兰 KTI 公司（现被法国德西尼布公司收购）、美国凯洛格（Kelogg）公司及其与布朗路特公司合并成立的 KBR 公司和中石化（中国石油化工集团有限公司）。

（2）低碳烯烃转化技术　炼厂催化裂化装置和乙烯装置副产的 C_4、C_5 馏分，轻质裂解汽油或轻质催化汽油中含有大量低碳烯烃，可通过催化裂解或烯烃歧化两种工艺，将其转化为乙烯、丙烯。

催化裂解工艺以利安德/KBR 公司的 Superflex 工艺（流化床）和鲁奇公司开发的 Propylur 工艺（固定床）为代表。Superflex 工艺可将 2/3 的进料转化为乙烯和丙烯，南非萨索尔技术公司 2005 年已启动一套采用该技术的装置生产丙烯和乙烯。Propylur 工艺可以丁烯、戊烯和己烯为原料，其示范装置已在德国 Worringen 地区的 BP 公司装置上运行。

烯烃歧化工艺利用的是一种通过烯烃双键断裂并重新转换为新烯烃产物的催化反应，主要有鲁姆斯公司的 OCT 工艺和法国石油研究院（IFP）的 Meta-4 工艺等。OCT 技术以乙烯和 2-丁烯为原料进行歧化生产丙烯，我国上海赛科 90 万吨/年乙烯装置应用了此项技术。

（3）以甲醇为原料制低碳烯烃技术　以合成气为原料的甲醇制低碳烯烃技术作为碳一化工的开发热点之一，有望成为乙烯/丙烯的新来源，主要包括埃克森美孚甲醇制烯烃技术（MTO）、UOP/海德鲁（MTO）和鲁奇公司（MTP）的甲醇制丙烯技术。MTO 工艺对于生产轻质烯烃有较高选择性，并可在较宽范围内灵活调节丙烯与乙烯产量比。MTP 工艺以甲醇为原料，用专有沸石催化剂在固定床反应器中反应生成丙烯，其收率约为 70%。我国拥有丰富的煤炭资源，加强对煤炭经甲醇制烯烃技术的研究，不仅可提高我国甲醇生产装置的经济效益，还可缓解丙烯供应紧张的矛盾。

（4）乙醇脱水制乙烯技术　乙醇脱水制乙烯是在石油化工产业发展之前制备乙烯的主要方法，目前仍有一些中小型化工企业采用这种工艺。该工艺选用的催化剂主要是活性氧化铝及其他一些金属氧化物，原料乙醇的体积分数一般要在 95% 以上，反应空速小，处理量不大，设备生产能力小，能耗较高，与石油乙烯工艺相比较还有一些差距。随着石油资源的日益枯竭，石油价格呈不断上涨趋势，相比之下，发酵乙醇可由取之不尽的生物资源获得，乙醇生产乙烯将会成为一种经济的选择。

工作任务2　管式炉裂解生产乙烯的生产原理

烃类热裂解是指石油烃原料如乙烷、石脑油、液化气等，在高温条件下，发生碳链断裂或脱氢反应，生成烯烃及其他产物的过程。烃类热裂解的反应十分复杂，包括脱氢、断链、异构化、脱氢环化、芳构化、聚合、缩合和焦化等反应。

热裂解反应的目的是以生产乙烯、丙烯为主，同时副产丁二烯、氢气、芳烃等高附加值产品和裂解柴油、裂解燃料油等其他副产品。按物料的变化过程，裂解反应可划分为一次反应和二次反应。

一、烃类热裂解的一次反应

一次反应，就是裂解原料经高温裂解生成乙烯、丙烯等产物的反应，这是生成目的产物的反应。

1. 烷烃的裂解

（1）断链反应　断链反应是C—C链断裂反应，一般情况下，产物为较大分子的烯烃和较小分子的烷烃（$n > m$），碳原子数都比原料烷烃少。其通式为：

$$C_{m+n}H_{2(m+n)+2} \longrightarrow C_nH_{2n} + C_mH_{2m+2}$$

（2）脱氢反应　脱氢反应是C—H链断裂的反应，生成的产物是碳原子数与原料烷烃相同的烯烃和氢气。其通式为：

$$C_nH_{2n+2} \longrightarrow C_nH_{2n} + H_2$$

C_5 以上烷烃可发生脱氢环化反应。

2. 环烷烃的裂解

环烷烃的热稳定性比相应的烷烃好。环烷烃热裂解时，可以发生C—C链的断裂（开环）与脱氢反应，生成乙烯、丁烯和丁二烯等烃类。以环己烷为例的裂解如下。

（1）开环断链反应　例如：

$$
\begin{aligned}
&\longrightarrow 2C_3H_6 \\
&\longrightarrow C_2H_4 + C_4H_6 + H_2 \\
&\longrightarrow C_2H_4 + C_4H_8 \\
&\longrightarrow 1.5C_4H_6 + 1.5H_2 \\
&\longrightarrow C_4H_6 + C_2H_6
\end{aligned}
$$

（2）脱氢反应　例如：

（图：环己烷 $\xrightarrow{-H_2}$ 环己烯 $\xrightarrow{-H_2}$ 环己二烯 $\xrightarrow{-H_2}$ 苯）

环烷烃的脱氢反应生成的是芳烃，芳烃缩合最后生成焦炭，所以不能生成低级烯烃，即不属于一次反应。

3. 芳烃的裂解

芳烃的热稳定性很高，一般情况下，芳烃不易裂解，主要发生芳烃脱氢缩合反应，所以由芳烃裂解生成乙烯的可能性极小，但烷基芳烃可断侧链生成低级烷烃、烯烃和苯等。

（1）芳烃脱氢缩合反应　例如：

$$2\,\text{C}_6\text{H}_5- \longrightarrow \text{C}_6\text{H}_5-\text{C}_6\text{H}_5 + H_2$$

（2）烷基芳烃断侧链反应　例如：

$$
\begin{aligned}
&\longrightarrow \text{（苯）} + C_3H_6 \\
&\longrightarrow \text{（甲苯 CH}_3\text{）} + C_2H_4
\end{aligned}
$$

（3）脱氢反应　例如：

$$\text{（乙苯 }C_2H_5\text{）} \rightleftharpoons \text{（苯乙烯 }CH=CH_2\text{）} + H_2$$

4. 烯烃的裂解

由于烯烃较为活泼，天然石油中基本不含烯烃，因此，常减压车间的直馏馏分中一般不含烯烃，但二次加工的馏分油中可能含有烯烃。大分子烯烃在热裂解温度下能发生断链、脱氢反应，生成小分子的烯烃。例如：

$$C_5H_{10} \longrightarrow C_3H_6 + C_2H_4$$
$$C_4H_8 \longrightarrow C_4H_6 + H_2$$

二、烃类热裂解的二次反应

二次反应，就是指乙烯、丙烯等产物继续发生反应，生成炔烃、二烯烃、芳烃，甚至最后生成焦和炭的反应。二次反应的发生不仅会大大降低烃的收率，浪费原料，而且生成的焦和炭会堵塞管道和设备，从而影响装置操作的稳定，甚至使生产无法进行。主要的二次反应如下。

1. 低分子烯烃脱氢

例如，烯烃可脱氢生成二烯烃或炔烃。

$$C_2H_4 \longrightarrow C_2H_2 + H_2$$
$$C_3H_6 \longrightarrow C_3H_4 + H_2$$
$$C_4H_8 \longrightarrow C_4H_6 + H_2$$

2. 烯烃加氢

例如，烯烃可加氢生成相应的烷烃，当反应温度低时，有利于加氢反应。

$$C_2H_4 + H_2 \rightleftharpoons C_2H_6$$

3. 烯烃的结焦

例如，烯烃发生聚合、环化、缩合生成较大分子烯烃、二烯烃和芳香烃，最后生成焦。

$$2C_2H_4 \longrightarrow C_4H_6 + H_2$$
$$C_2H_4 + C_4H_6 \longrightarrow C_6H_6 + 2H_2$$
$$C_3H_6 + C_4H_6 \xrightarrow{-H_2} 芳烃 \xrightarrow{-H_2} 多环芳烃 \xrightarrow{-H_2} 稠环芳烃 \xrightarrow{-H_2} 焦$$

烃的生焦反应，要在较低温度（<927℃）下，经过生成芳烃的中间阶段，发生脱氢缩合反应而形成多环芳烃，它们继续发生多阶段的脱氢缩合反应生成稠环芳烃，最后生成焦炭。除烯烃外，环烷烃脱氢生成的芳烃和原料中含有的芳烃都可以脱氢发生结焦反应。

4. 烯烃的生炭

在较高温度下，低分子烷烃、烯烃都有可能分解为炭和氢，这一过程是要在高温（>927℃）下，经过生成乙炔的中间阶段，脱氢稠合成炭。

$$CH_2{=}CH_2 \longrightarrow CH{\equiv}CH \xrightarrow{-H_2} \cdots\cdots \xrightarrow{-H_2} C_n$$

由此可以看出，一次反应除了环烷烃脱氢、芳烃脱氢缩合反应，大部分都是生成乙烯、丙烯的反应，而二次反应除了大分子烯烃裂解生产乙烯外，大部分都在消耗乙烯、丙烯。二次反应既损耗烯烃、浪费原料，又生炭、结焦，影响正常生产，所以是不希望发生的。因此，在生产中，都要尽力促进一次反应，抑制二次反应。

由以上讨论，可以归纳各族烃类的热裂解反应的大致规律如下。

① 烷烃。正构烷烃最利于生成乙烯、丙烯，是生产乙烯的最理想原料。分子量越小，烯烃的总收率越高。异构烷烃的烯烃总收率低于同碳原子数的正构烷烃。随分子量的增大，这种差别减少。

② 环烷烃。在通常裂解条件下，环烷烃脱氢生成芳烃的反应优于断链生成单烯烃的反应。含环烷烃多的原料，其丁二烯、芳烃的收率较高，乙烯的收率较低。

③ 芳烃。芳烃热稳定性高，不易发生芳环开裂；而有侧链的芳烃是侧链逐步断链、脱氢缩合生成稠环芳烃，直至结焦。所以芳烃不是裂解的合适原料。

④ 烯烃。大分子的烯烃能裂解为乙烯和丙烯等低级烯烃，但烯烃会发生二次反应，最后生成焦和炭。所以含烯烃的原料，如二次加工产品，作为裂解原料也不是理想原料。

总而言之，理想的裂解原料应有高含量的烷烃，低含量的环烷烃、芳烃和烯烃。

工作任务 3　管式炉裂解生产乙烯的工艺条件

一、原料特性对热裂解反应的影响

1. 族组成（PONA 值）

PONA 值是指各族烃的质量分数，即烷烃 P（paraffin）、烯烃 O（olefin）、环烷烃 N（naphthene）、芳烃 A（aromatics）所占比例。若原料 P 含量越高，（N＋A）含量越小，乙烯收率越大。对于分子链较短的烃类，PONA 值可以很好地反映出原料的特性。这个指标适用于表征石脑油、轻柴油等轻质馏分油。我国常压轻柴油馏分族组成见表 1-3。

表 1-3　我国常压轻柴油馏分族组成

族组成（质量分数）/%	大庆 145～350℃	胜利 145～350℃	任丘 145～350℃	大港 145～350℃
P 烷族烃	62.6	53.2	65.4	44.4
N 环烷族烃	24.2	28.0	23.8	34.4
A 芳烃	13	18.8	10.8	21.2

查一查

查阅表 1-3，如果你是某乙烯生产厂的采购员，请问你会选择采购哪里的柴油呢？说出你的理由。

2. 氢含量

氢含量是指原料中所含氢的质量分数。氢含量对裂解产物分布的影响规律与 PONA 值的影响大致相同。裂解原料氢含量越高（碳氢比越低），则烃类中链烷烃含量越高，芳烃含量越少。原料的氢含量常用作衡量该原料裂解性能和乙烯潜在含量的重要尺度。一般来说，氢含量高的原料有利于裂解生产轻质气体产品。这个指标适用于各种原料，可以用元素分析法测得。氢含量的大小比较是烷烃＞环烷烃＞芳烃。氢含量越高，乙烯收率越高。氢含量计算式如下：

$$w(H_2) = \frac{n(H)}{n(H) + 12n(C)} \times 100\%$$

3. 特性因数

特性因数 K 常用以划分石油和石油馏分的化学组成，在评价原料的质量上被普遍使用，主要用于液体燃料的评价。特性因数是一种说明原料石蜡烃含量的指标，K 值高，原料的石蜡烃含量高；K 值低，原料的石蜡烃含量低，但它不能区分芳香烃和环烷烃。K 的平均值如下：烷烃约为 13，环烷烃约为 11.5，芳烃约为 10.5。特性因数 K 大于 12.1 为石蜡基原油，K 为 11.5～12.1 为中间基原油，K 为 10.5～11.5 为环烷基原油。原料特性因素 K 值的高低，最能说明该原料的生焦倾向和裂化性能。原料的 K 值越高，它就越易于进行裂化反应，而且生焦倾向也越小，乙烯收率增大；反之，原料的 K 值越低，它就难以进行裂化反应，而且生焦倾向也越大，乙烯收率降低。

4. 关联指数（BMCI 值）

对于分子链较短的烃类，PONA 值可以很好地反映出原料的特性。但是，随着烃分子链的增长，侧链所占比例增加，单纯的 PONA 值就不太容易反映出原料的结构特性。因此，对于重质馏分油（如轻柴油、减压柴油等混合烃），通常用美国国家矿务局关联指数 BMCI 值（Bureau of Mines Correlation Index）来表征混合烃的特性。BMCI 值表示的是油品芳烃的含量，是沸点和相对密度的函数，可以计算。这个指标主要用于柴油等重质馏分油。BMCI 值越大，则油品的芳烃含量越高。故原料中，随着 BMCI 值的增大，乙烯收率将降低，且容易发生结焦，反之，BMCI 值越小，乙烯收率越高。

原料特性参数的比较见表 1-4，不同原料评价的参数也不一样。

表 1-4　原料特性参数的比较

参数名称	适用于评价何种原料	何种原料可获得较高乙烯产率	获得方法
族组成 PONA 值	石脑油、轻柴油等	烷烃含量高、芳烃含量低	分析测定
氢含量	各种原料都适用	氢含量高	分析测定
特性因数	主要用于液体原料	特性因数高	计算
关联指数 BMCI	柴油等重质油	关联指数小	计算

二、工艺条件对热裂解反应的影响

烃类热裂解所得产品收率除了与裂解原料的性质有关，还与裂解过程的工艺条件、裂解炉的结构密切相关。影响裂解产品收率的工艺参数有：裂解温度、原料在裂解炉管内的停留时间和烃分压。只有选择合适的工艺参数，生产平稳进行，才能得到理想的裂解产品收率。

1. 裂解温度

从热力学角度分析，裂解反应是强吸热反应，温度在 750℃ 以上，乙烯收率逐渐增加，温度升高对一次反应（生成乙烯、丙烯）有利，但对二次反应（烃类分解成碳和氢）也有利，当反应温度超过 900℃ 时，甚至达到 1100℃ 时，对结焦和生炭反应极为有利，原料的转化率虽增加，产品收率却大大降低。从动力学角度分析，温度升高，反应速率提高，但一次反应的反应速率大于二次反应的反应速率。

所以理论上烃类裂解制乙烯的最适宜温度一般在 750～900℃。实际裂解温度还与裂解原料的性质、裂解设备、停留时间等因素有关，如重质裂解原料较轻质裂解原料的裂解温度要低；裂解温度越高，对裂解炉管材质要求就越高。

2. 停留时间

停留时间是指裂解原料进入裂解辐射管（裂解反应区）到离开裂解辐射管所经过的时间。即反应原料在反应区中停留的时间。停留时间一般用 τ 来表示，单位为秒。

停留时间过短，裂解原料还来不及反应就离开了反应区，原料的转化率低，增加了产品分离的负担；停留时间过长，有利于乙烯、丙烯生成，转化率提高，但二次反应也充分进行，即生成的乙烯大部分被消耗，生成更多焦和炭，乙烯收率下降。选择合适的停留时间，既可使一次反应充分进行，又能有效地抑制二次反应。

停留时间与裂解温度相互影响，相互制约。如图1-5所示，裂解温度不同，相对应的最高的峰值收率不同，温度越高，峰值收率越高，相对应的停留时间越短。这是因为原料裂解时，一次反应（乙烯的生成）与二次反应（乙烯的消耗）同时发生，这就存在乙烯的最大收率，即峰值收率。而二次反应主要发生在反应的后期，因此适当缩短停留时间，可减少二次反应的发生，提高乙烯收率。

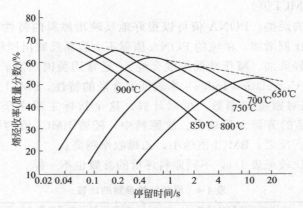

图1-5 轻柴油裂解反应的温度-停留时间对烯烃收率的影响

停留时间除与裂解温度有关外，也与裂解原料和裂解设备等有关，如重质裂解原料较轻质裂解原料的停留时间短些；随着裂解炉性能的提高，停留时间从2.5s缩短到现在的0.1s甚至更短。

3. 烃分压

（1）压力对反应的影响　烃类热裂解的一次反应主要是断链和脱氢反应，断链反应是不可逆反应，平衡常数很大，压力对断链反应的影响不大；脱氢反应是分子数增大的反应，降低压力，反应平衡向体积增大的方向（正反应方向）移动。二次反应，如脱氢缩合、结焦、生炭等反应，都是分子数减少的反应，因此降低压力可抑制二次反应的发生。同时，降低压力会使气体分子的浓度减少，从而降低反应速率，但是可以增加一次反应对于二次反应的相对反应速率。因此，降低压力对一次反应有利，而对二次反应不利，可提高烯烃转化率。

（2）降压措施　裂解反应温度很高，高温下不易密封操作，当密封不严密时，有可能漏入空气，空气与裂解气能形成爆炸性混合物而导致爆炸，且增加分离部分裂解气压缩操作的负荷，增加能耗。因此，工业上常用添加稀释剂的方式来降低分压。

稀释剂有氮气、氢气和水蒸气等气体。工业上常用水蒸气作为稀释剂，其优点如下。

① 降低烃分压。添加水蒸气可降低炉管内的烃分压。

② 稳定炉管裂解温度。水蒸气的热容量大，可以稳定裂解温度，防止炉管过热。

③ 保护炉管。高温蒸汽具有氧化性，可以抑制原料中所含的硫对炉管的腐蚀；水蒸气对炉管中的铁、镍有氧化作用，可抑制在铁、镍催化下，烃类生炭的反应；水蒸气可以除去炉管部分结焦，因为高温下$C + H_2O \longrightarrow H_2 + CO$，固体焦炭生成的气体被裂解气带出，延长了炉管运转周期。

④ 易于从裂解气中分离。水蒸气在急冷时可以冷凝，易于稀释剂与裂解气的分离。

水蒸气作为稀释剂，不是越多越好，增加水蒸气量，会增大裂解炉燃料的消耗量，增加水蒸气的冷凝量，从而降低裂解炉和后部系统设备的生产能力。水蒸气的用量和裂解原料相关，轻质原料裂解时，水蒸气用量较少，若采用重质裂解原料，为减少结焦，水蒸气用量将增大。

工作任务 4 管式炉裂解生产乙烯的典型设备

烃类热裂解反应有三个特点：①强吸热反应，且在高温下进行，反应温度一般高于1027K以上，这就需要一个设备给它提供高温热源——裂解炉；②热裂解反应存在二次反应，为了避免二次反应的发生，停留时间应当很短，我们需要一个紧急降温的设备——急冷换热器；③热裂解反应的产物很复杂，除了氢气、气态烃和液态烃外还有固态烃生成，这就需要有较好的分离装置——低温精馏系统，我们在后面课程中会详细介绍。

一、管式裂解炉

裂解炉为乙烯生产装置的核心，为了提高乙烯收率和降低能耗，近年来，各公司不断对裂解炉进行技术改造，开发出多种新炉型，如鲁姆斯裂解炉（SRT）、超选择性裂解炉（USC）、凯洛格毫秒裂解炉（USRT）等。管式裂解炉结构简单，容易操作，乙烯、丙烯收率较高，热效率高，余热大部分可以回收。管式裂解炉一般由辐射室、对流室、余热回收系统、通风系统、烟囱构成，炉体内安装有原料预热管、蒸汽加热管、炉管、燃料器等。图1-6为管式裂解炉的结构示意图。图1-7为管式裂解炉现场图。

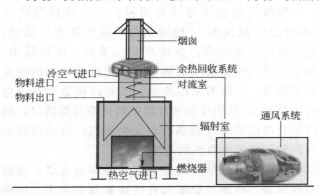

图1-6 管式裂解炉的结构示意图

图1-7 管式裂解炉现场图

（1）裂解炉的对流段 对流段内设有原料预热换热管、炉管、工艺稀释水蒸气、急冷锅炉进水和过热高压蒸汽等，其中换热管排布原则为按烟气余热能位高低合理安排换热管。安置在对流段的炉管的前一部分称为对流管，也称预热管。对流段的作用主要有两个方面：一是将裂解原料预热、汽化并过热至初始裂解温度（横跨温度）；二是回收烟气中的余热，以提高裂解炉的热效率。

（2）裂解炉的辐射段 辐射段由里层耐火砖和外层隔热砖砌成，在辐射段设置有底部燃烧器和侧壁燃烧器，燃料一般选用瓦斯或汽化石油气，所以辐射段又称为燃烧室或炉膛，裂解炉管垂直放置在辐射室中央。为放置炉管，还有一些附件，如管架、吊钩等。裂解原料经文丘里管流量分配器均匀分配到每组辐射炉管中进行裂解。燃料燃烧后产生的烟气用于对流段换热。

轻质原料裂解炉与重质原料裂解炉的区别在于轻质原料裂解炉不处理任何具有潜在结垢的原料，因此它们没有混合器。稀释蒸汽与原料混合进入混合预热炉管。

（3）燃烧器　燃烧器又称为烧嘴，是裂解炉热量的来源，裂解炉的燃料由燃烧器喷出，辅以空气助燃，产生高温烟气和高温火焰。燃烧器按照燃料种类不同，可分为气体燃烧器、燃料油燃烧器、油气联合燃烧器。因其所安装的位置不同分为底部燃烧器和侧壁燃烧器。

（4）余热回收系统　裂解炉是化工装置的耗能大户，如何减少能耗呢，要借助余热回收系统。在余热回收系统中空气预热器很重要，烟气经集烟管通过引风机引入空气预热器中与冷空气热交换后，降温排入大气，同时空气温度升高，进入燃烧器辅助燃烧，提高了热效率，但余热回收系统易出现低温露点腐蚀现象。

（5）通风系统　通风系统的任务是将燃烧用的空气导入燃烧器，并将废烟气引出炉子，炉膛内为微负压。风道设置在炉底，由风门引入中心，通向每一个燃烧器。

在裂解炉中，被加热原料油由上而下先进入对流炉管，高温烟气对炉管内流体进行加热，之后进入辐射室，发生裂解反应，燃料在热空气辅助下燃烧，炉管内原料油通过热辐射升温，达到生产工艺要求的温度，燃烧所产生的高温烟气既可以在空气预热器中预热冷空气，又可以在对流室内预热炉管内原料油，从而提高了裂解炉的热效率。

二、急冷器

从裂解炉出来的裂解气温度高达 800℃以上，需通过急冷换热器（图 1-8）迅速降温，终止其二次反应，并副产高压蒸汽 [11.5MPa(G)、520℃]，急冷换热器运行的好坏直接影响炉管寿命和乙烯产量。

图 1-8　急冷换热器现场图

裂解气的急冷方式有两种：一是直接急冷法（喷淋急冷油或水），使冷剂与裂解气体直接接触，使裂解气迅速冷却。该法冷却效果好，流程简单，但是不能回收裂解气的热量，除非极易结焦的重质烃裂解外，一般不采用此法。二是间接急冷法（急冷换热器），是用冷剂通过器壁间接冷却裂解气，同时回收高温裂解气的热量来发生蒸汽，急冷换热器与汽包构成发生蒸汽的系统。

急冷技术最早用的是直接急冷即急冷塔，物料直接接触，冷剂与裂解气直接接触设备费少，传热效果好，冷剂用油或水，分离困难，不能回收高品位的热量。这样阻止了二次反应的发生，但只能回收得到低温位的热值，利用价值受到限制。后来慢慢改进研发了间接急冷即急冷换热器、急冷锅炉一类设备，这样阻止二次反应发生的同时得到的是高温位的热值，大大提高了热量回收效率。

急冷换热器使用中要注意裂解气冷却温度控制不低于其露点，可减少急冷换热器结焦。一般控制停留时间在 0.04s 以下，也可减少结焦。在工厂中常用的清焦措施有停炉清焦（切断进料及出口，用惰性气体或水蒸气清扫管线，降温，再用空气和水蒸气烧焦），在线清焦（交替裂解法、水蒸气和空气清焦法，如将重质馏分油切换成乙烷等原料和大量的水蒸气）。

为减少结焦，国内外采用的结焦抑制技术主要有以下几点。

（1）采用结焦抑制剂　在裂解原料或稀释蒸汽中加入抑制结焦的添加剂，主要是含硫的化合物，以钝化炉管表面，减少自由基结焦的有效表面积，在炉管表面形成氧化层，延长炉管结焦周期。

（2）炉管表面涂层　国外许多公司在辐射段炉管的内表面喷涂特定的涂层来抑制和减少结焦，延长运转周期。

（3）新型炉管材料　S&W公司和Linde公司正在开发一种抑制结焦的"陶瓷裂解炉管"，可以从根本上避免炉管结焦。

想一想

裂解气从裂解炉中产出，应该先采用直接急冷还是间接急冷呢？

工作任务5　管式炉裂解生产乙烯的工艺流程

裂解装置工艺按照原理可分两个部分：裂解部分和分离部分。从流程和布置上分（五大区）：裂解炉区、急冷区、压缩区、冷区、热区。下面以鲁姆斯型裂解炉裂解轻柴油为例介绍乙烯生产的工艺流程，工艺流程图见图1-9。

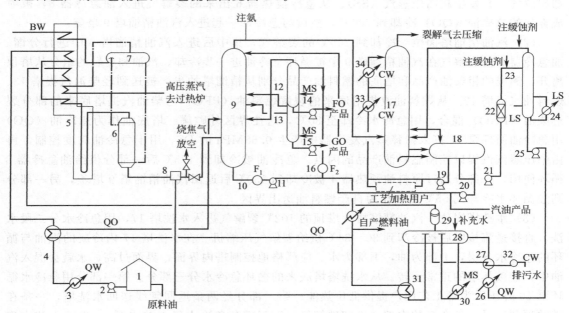

图1-9　轻柴油裂解工艺流程图

1—原料油贮罐；2—原料油泵；3,4—原料油预热器；5—裂解炉；6—急冷换热器；7—汽包；8—油急冷器；9—汽油精馏塔；10—急冷油过滤器；11—急冷油循环泵；12—燃料油汽提塔；13—轻柴油汽提塔；14—燃料油输送泵；15—裂解轻柴油输送泵；16—燃料油过滤器；17—水洗塔；18—油水分离器；19—急冷水循环泵；20—汽油回流泵；21—工艺水泵；22—工艺水过滤器；23—工艺水汽提塔；24—再沸器；25—稀释蒸汽发生器给水泵；26，27—预热器；28—稀释蒸汽发生器汽包；29—分离器；30—中压蒸汽发生器；31—急冷油加热器；32—排污水冷却器；33，34—急冷水冷却器；QW—急冷水；QO—急冷油；CW—冷却水；MS—中压水蒸气；LS—低压水蒸气；BW—锅炉给水；FO—重质燃料油；GO—裂解轻柴油

一、裂解部分

1. 裂解炉区

工业上裂解原料进料分为气体原料进料、液体原料进料及混合进料。气体原料由循环乙烷、循环丙烷、液化气等气体组成;液体原料由石脑油、轻柴油、加氢尾油等组成,在被送往裂解炉之前,所有这些油气将被原料油预热器 3、4 预热到 70℃。生产中,一般设多台炉子,根据原料的组成分别进入轻质裂解炉及重质裂解炉。来自原料预热段的原料与稀释蒸汽混合,调节 DS 流量(稀释比)后,进入裂解炉 5 对流段被烟道气预热到 580℃进入反应管(辐射段),调节燃料气压力,控制炉出口温度为 850℃,进行裂解反应。

2. 急冷区

将裂解炉出来的裂解气经急冷换热器 6(水冷却)、油急冷器 8(油冷却),将汽油和更轻组分作为塔顶的气相产品送入压缩区,同时得到柴油和燃料油。

(1) 急冷换热器岗位

① 急冷目的。高温裂解气中的烯烃易发生二次聚合反应,必须在出裂解炉时,迅速降温,终止二次反应。工业上采用急冷油直接喷入裂解气中降温的办法,迅速终止二次反应,将裂解气中的裂解燃料油、重汽油分离出来回收高温裂解气的热量,同时发生稀释蒸汽。

② 急冷工艺。高压锅炉水 BW 在裂解炉对流段被预热到 320℃后,供给急冷换热器 6 冷却裂解气,并发生超高压蒸汽(SS)。从急冷换热器 6 出来的裂解气进入油急冷器 8,被喷成雾状的急冷油(QO)冷却到 200℃,然后与急冷油一起进入汽油精馏塔 9 塔釜。

(2) 汽油精馏塔岗位　冷却到 200℃的裂解气,集中后进入汽油精馏塔 9 中进行分馏。油急冷器 8 的裂解气在汽油精馏塔 9 中被循环急冷油进一步冷却。汽油和更轻的组分从塔顶离开,侧线的粗柴油产品和塔底的燃料油产品分别从精馏塔抽出,被送到轻柴油汽提塔 13、燃料油汽提塔 12。从燃料油汽提塔底来的裂解燃料油(PFO)与柴油汽提塔底来的部分裂解柴油(PGO)混合,用急冷水冷却至 80℃,送往界区外贮罐。塔底油作为急冷油(QO)用急冷油循环泵 11 打入稀释蒸汽发生器中产生 0.68MPa 的 DS,用于急冷油黏度控制,再由中压蒸汽汽提以控制燃料油产品的闪点。急冷油被冷却到 175℃后一部分供给油急冷器 8循环使用,一部分通过原料油预热器 4 被冷却到 150℃后返回汽油精馏塔 9 塔釜,另一部分则经循环水冷却到 55℃后,作为自产燃料油送出界区。

(3) 水洗塔岗位　汽油精馏塔 9 塔顶的 102℃裂解气进入水洗塔 17,用急冷水分二段水洗,直接逆流接触后被冷却到 30～34℃供给裂解气压缩机。在水洗塔 17 内冷凝的汽油与循环的急冷水分层,上部为油,下部为水。应严格地控制塔内界面,界面过高,水就会混入汽油中,会破坏塔的正常运转。从水洗塔塔底来的循环急冷水分三部分。第一部分用急冷水循环泵 19 升压后为各工艺用户提供低位热能;第二部分经两条返回管线送回水洗塔,一条在塔的顶部,另一条在塔的中部,冷却裂解气;第三部分急冷水经工艺水泵 21 送往工艺水汽提塔 23,供给稀释蒸汽发生系统。塔底冷凝的汽油经汽油回流泵 20 升压作为汽油分馏塔顶部回流和汽油汽提塔的进料。

(4) 工艺水汽提塔和稀释蒸汽发生器岗位　油水分离器来的工艺水经盘油预热经工艺水过滤器 22 送到工艺水汽提塔 23,用盘油加热的再沸器产生的蒸汽汽提,脱除酸性气体和挥发烃。工艺水汽提塔塔顶出来的气体被送到水洗塔。工艺水汽提塔塔底的工艺水经稀释蒸汽发生器给水泵 25 送出,经盘油预热后进入稀释蒸汽发生器汽包 28,在稀释蒸汽发生器中被急冷油和中压蒸汽加热产生稀释蒸汽,经气液分离后用作裂解炉的稀释蒸汽及仪表、阀门的吹扫蒸汽。稀释蒸汽发生器的排污水由冷却水冷却到 40℃后被送到界区外的水处理系统。工业上为保持操作的连续性,工艺水汽提塔塔底可注入低压蒸汽汽提,并向稀释蒸汽发生器加入新鲜补充水。

(5) 火炬岗位 乙烯火炬系统是把全厂部分不能回收的气体烧掉,免得排入大气造成污染或引起其他事故的系统。通常如果一个厂乙烯火炬越大,表明生产越不稳定,正在调试中。装置内排出的常温以上的含水气体,进入湿火炬系统,排出的不含水的烃类液体,进入干火炬系统。火炬头部设有两条蒸汽管线,一条为搅拌可燃气的,另一条则是喷射吸引空气助燃的,其目的是达到完全燃烧,消除黑烟。火炬上部有三支点火嘴,可分别在中控室和火炬现场进行点火。

二、分离部分

1. 概述

裂解气的分离就是为得到高纯度的乙烯、丙烯,将它们与其他烃类和杂质等分离开来的操作过程。各种有机产品的合成,对于原料纯度的要求是不同的。有的产品对原料纯度要求不高,如乙烯与苯烷基化生产乙苯,而对于聚合用的乙烯和丙烯,纯度要求在 99.9% 或 99.5% 以上,其中有机杂质不允许超过 $(5\sim10)\times10^{-6}$。这就要求对裂解气进行精细的分离和提纯。

(1) 裂解气的组成 裂解气含有许多低级烃类,主要是甲烷、乙烷、丙烷、乙烯、丙烯与 C_4、C_5、C_6 等烃类,此外还有氢气和少量杂质如硫化氢和二氧化碳、一氧化碳、水、炔烃等,其具体组成随裂解原料、裂解方法和裂解条件不同而异。某轻柴油裂解原料得到的裂解气组成(体积分数)如下:C_2H_4 29.34%、CH_4 21.24%、H_2 13.18%、C_3H_6 11.42%、C_2H_6 7.58%、H_2O 5.40%、C_4 5.21%、C_{6+}❶ 4.58%、C_3H_4 0.54%、C_5 0.51%、C_2H_2 0.37%、C_3H_8 0.36%、酸性气体 0.27%。

(2) 裂解气的分离方法 工业生产上采用的裂解气分离方法,主要有深冷分离和油吸收精馏分离两种。深冷分离是在 $-100℃$ 以下的冷冻系统下,将裂解气中除了氢气和甲烷以外的其他烃类全部冷凝下来。然后利用裂解气中各种烃类的相对挥发度不同,在合适的温度和压力下,以精馏的方法将各组分分离开来,达到分离的目的。它的分离效果好,但投资较大,流程复杂,是目前工业生产中广泛采用的分离方法。

油吸收精馏分离利用裂解气中各组分在某种吸收剂中的溶解度不同,用吸收剂吸收除甲烷和氢气以外的其他组分,然后用精馏的方法,把各组分从吸收剂中逐一分离。此方法流程简单,动力设备少,投资少,但产品纯度差,现已被淘汰。

(3) 裂解气深冷分离的工艺流程 工业上典型的三种分离流程是:顺序分离流程,前脱乙烷分离流程和前脱丙烷分离流程。

顺序分离流程是按裂解气中各组分碳原子数由小到大的顺序进行分离,即先分离出甲烷、氢气,其次是脱乙烷及乙烯的精馏,接着是脱丙烷和丙烯的精馏,最后是脱丁烷,塔底得 C_5 及 C_5 以上馏分。

前脱乙烷分离流程是以脱乙烷塔为界限。裂解气压缩、碱洗及干燥后,首先进入脱乙烷塔,将物料分成两部分,一部分是轻馏分,即甲烷、氢气、乙烷和乙烯等组分;另一部分是重组分,即丙烯、丙烷、丁烯、丁烷以及 C_5 以上的烃类。然后再将这两部分各自进行分

---

❶ 指碳原子数大于 6 的有机化合物。

离，分别获得所需的烃类。

前脱丙烷分离流程是以脱丙烷塔为界限。裂解气压缩、碱洗及干燥后，首先进入脱丙烷塔将物料分为两部分，一部分为丙烷及比丙烷更轻的组分，另一部分为 C_4 及比 C_4 更重的组分，然后再将这两部分各自进行分离，获得所需产品。

顺序分离流程，技术成熟，运转周期长，稳定性好，适合所有裂解原料，目前，国内外广泛采用顺序分离工艺流程。下面将以顺序分离流程（图 1-10）为例讲解裂解气的分离。

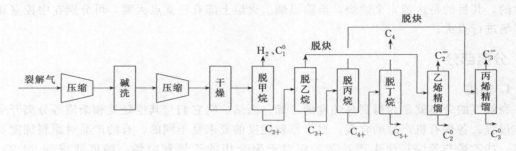

图 1-10　顺序分离流程框图

注：0 作上角表示烷烃；￣作上角表示烯烃。

2. 压缩区

压缩压通过五段压缩使裂解气出口压力达到 4MPa，碱洗脱除酸性气体。

（1）裂解气压缩岗位

① 压缩目的。裂解气在常温常压下，各组分沸点很低，若深冷分离，冷凝裂解气需要耗损大量的冷量。根据物质的沸点随压力增大而升高的规律，工业生产中对裂解气压缩，使各组分沸点升高，从而实现各组分分离，减少冷量消耗，不同压力下某些组分的沸点见表 1-5。每段的裂解气压力升高的同时，温度也升高。当裂解气压缩机排气温度高于 90℃ 时，易发生聚合反应，生成聚合物，危及生产。为使裂解气压缩机长周期运行，生产中采用段间冷却法，用冷却水将裂解气降温到 38℃ 后再进入下一段，且在压缩机入口设计有洗油注入，冲洗压缩机流道，以控制裂解气压缩机的结垢。裂解气经压缩冷却后，能除掉相当量的水分和重质烃，减少了后续干燥及低温分离的负担。

表 1-5　不同压力下某些组分的沸点　　　　　　　　单位：℃

压力\组分	0.101MPa	0.588MPa	1.025MPa	1.66MPa	2.545MPa
氢气	−253	−245	−242	−238	−236
甲烷	−162	−138	−125	−115	−102
乙烯	−104	−72	−52	−37	−19
乙烷	−89	−51	−32	−15	3
丙烯	−48	0	20	40	60

② 压缩工艺。如图 1-11 所示，自水洗塔 17 顶部出来的裂解气，通过五段离心压缩机 12～16 从 0.025MPa 压缩到 4.0MPa。该流程分为五段压缩，段间用冷却水进行冷却，压缩过程产生的冷凝液逐级前返：三段排出罐的液体返回到第三段吸入罐，然后再送至第二段吸入罐，凝液中油相作为汽油汽提塔 11 的第一股进料；出压缩机三段排出罐 4 的裂解气进入碱洗水洗塔 5，碱洗后的裂解气经第四、五段压缩，冷却后进入脱苯塔 8，在塔内裂解气与

来自该塔回流罐的烃类冷凝液逆流接触，以降低裂解气中的苯含量，塔底为苯及重烃类液体。塔顶裂解气经脱苯塔冷凝器用12℃级丙烯冷却将裂解气冷却至15℃后进入脱苯塔回流罐9，凝液作为脱苯塔8回流，裂解气送至裂解气干燥器进行干燥。

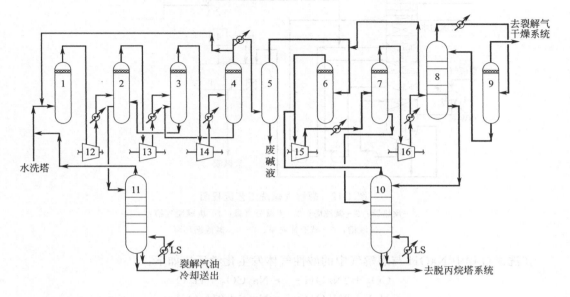

图1-11 裂解气压缩岗位流程图

1——一段吸入罐；2—二段吸入罐；3—三段吸入罐；4—三段排出罐；5—碱洗水洗塔；
6—四段吸入罐；7—五段吸入罐；8—脱苯塔；9—脱苯塔回流罐；
10—凝液汽提塔；11—汽油汽提塔；12～16—裂解气压缩机 I～V 段

（2）裂解气碱洗岗位

① 碱洗目的。裂解气中的酸性气体主要是指 CO_2 和 H_2S 和其他气态硫化物（包括有机硫），它们一部分是由裂解原料带来的，另一部分是由裂解原料在高温裂解过程中发生反应而生成的。这些酸性气体含量过多时，会对分离过程带来危害：H_2S 能腐蚀设备管道，使干燥用的分子筛寿命缩短，还能使加氢脱炔所用的催化剂中毒；CO_2 在深冷操作中会结成干冰，堵塞设备和管道，影响正常生产。酸性气体还会影响乙烯和丙烯的再利用，如使乙烯聚合时的催化剂中毒。

② 碱洗工艺。工业上多用化学吸收法除酸性气体，吸收剂有氢氧化钠溶液、乙醇胺溶液及 N-甲基吡咯烷酮，其中最常用的是氢氧化钠溶液，其工艺流程图见图1-12。

出裂解气压缩机第三段的裂解气预热到40℃，以尽量减少因烃类在塔内冷凝而引起泡沫和产生结垢。在碱洗塔2中，酸性气（H_2S 和 CO_2）与循环碱液接触，从裂解气中被脱除。碱洗塔分四段，下三段为碱循环部分，依次向上碱液浓度增加（2%、6%、15%），经过三段碱洗后，裂解气中的 H_2S 和 CO_2 被脱至小于 $1×10^{-6}$（体积分数），上段为水洗段，通过水洗进一步将经碱洗后的裂解气中夹带的碱液除掉，新的碱液从碱液槽5经碱液补充泵6连续送入碱洗段的上段循环系统。塔顶的裂解气送到裂解气压缩机第四段，塔底排出的废碱液未经处理不能直接排入废水处理装置，因为其中含有未被进一步处理的高浓度硫化物。废碱液先在废碱脱气槽4脱气，废碱液连续送往废碱水处理系统。减压后从废碱液中逸出的部分裂解气去湿火炬系统。

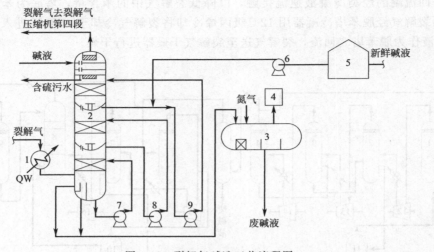

图 1-12　裂解气碱洗工艺流程图

1—预热器；2—碱洗塔；3—废碱分离罐；4—废碱脱气槽；

5—碱液槽；6—碱液补充泵；7~9—碱液循环泵

在洗涤过程中 NaOH 与裂解气中的酸性气体发生化学反应如下：

$$CO_2 + 2NaOH \longrightarrow Na_2CO_3 + H_2O$$
$$H_2S + 2NaOH \longrightarrow Na_2S + 2H_2O$$

想一想

裂解气碱洗过程中，三段碱洗碱液浓度为什么依次升高呢？

（3）裂解气干燥岗位

① 干燥目的。裂解原料在裂解时加入一定量的稀释蒸汽，所得裂解气经急冷和碱洗等

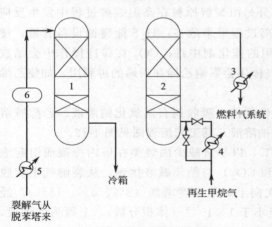

图 1-13　裂解气干燥工艺流程图

1—运行中的裂解气干燥器；2—再生的裂解气干燥器；

3—再生气冷却器；4—再生器加热器；5—干燥器

进料冷却器；6—干燥器吸入罐

处理，裂解气中不可避免地带一定量的水 [约 $(4~7) \times 10^{-4}$]。裂解气进入深冷分离系统，H_2O 在低温下会自身结冰，且在高压和合适的温度下可和甲烷、乙烷、丙烷等生成白色结晶（水合物），如 $CH_4 \cdot 7H_2O$、$C_2H_6 \cdot 7H_2O$、$C_3H_8 \cdot 7H_2O$ 等，这些结晶会堵塞设备和管道。为了排除该故障，工业上常通过注氨、甲醇降低水的冰点和水合物的生成起始温度，用于解冻。

② 干燥工艺。裂解气干燥的方法很多，主要采用吸附脱水法。吸附剂有硅胶、活性氧化铝、分子筛等。目前广泛采用的、效果较好的是分子筛吸附剂，其干燥工艺流程图见图 1-13。

为了减少水进入干燥器 1 的量，在防止水合物生成的前提下，应尽可能降低温度，所以从脱苯塔塔顶出来的裂解气需先进入干燥器进料冷却器，用 20℃级及 5℃级丙烯冷媒冷却到

10℃，冷却后的裂解气进入干燥器吸入罐 6，在此气体和凝液分离，裂解气由上部进入裂解气干燥器 1，经干燥剂 3A 分子筛脱水，控制水含量小于 1×10^{-6}，干燥后去前冷；再生用热甲烷（由高压蒸汽加热到 250℃）从裂解气干燥器 2 底部进入，按干燥剂 3A 分子筛生产商提供的再生操作曲线进行再生，再生后还需用冷甲烷冷却，再脱水。裂解气干燥器一般为两台，一台操作，另一台再生。

3. 冷区

如图 1-14 所示，裂解气经过一组换热器和冷箱将裂解气深冷到 −162℃ 得到氢气和低压甲烷产品，中间冷凝的物质进入脱甲烷塔 5，从脱甲烷塔塔顶得到高压甲烷产品，脱甲烷塔塔釜产品经脱乙烷塔 6、乙炔加氢系统和乙烯精馏塔 9 得到乙烯产品。

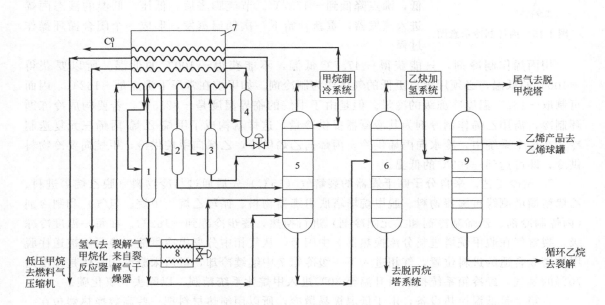

图 1-14　分离冷区工艺流程工艺流程图

1～3—脱甲烷塔进料罐；4—甲烷/氢分离罐；5—脱甲烷塔；6—脱乙烷塔；

7—冷箱；8—脱甲烷塔进料分流换热器；9—乙烯精馏塔

（1）制冷岗位

① 制冷目的。深冷分离需降温到 −100℃ 以下，因而需向裂解气提供冷量，为了获得低温，就要采用低沸点的制冷剂，从而尽可能地节省低温冷量。通常采用丙烯、乙烯及甲烷三种制冷剂，它们不同压力下的沸点参见表 1-5。

② 制冷原理。本岗位制冷的原理是制冷剂在汽化时吸收要冷却物料的热量作为汽化潜热，从而达到冷却的目的。以上制冷剂可获得不同的温度冷冻级，压力越低，汽化温度越低。液体的汽化温度（即沸点）是随压力的变化而改变的。下面提供几种制冷剂的温度冷冻级。

丙烯制冷压缩机：18℃、2℃、−23℃、−40℃

乙烯制冷压缩机：−62℃、−75℃、−101℃

甲烷制冷压缩机：−135.8℃

乙烯与甲烷二元制冷压缩机：−40～−136℃

制冷过程包括压缩、冷凝、膨胀、蒸发四个基本过程，下面以丙烯制冷系统为例说明制

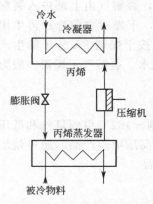

图 1-15 丙烯制冷示意图

冷过程，如图 1-15 所示。

a. 蒸发。常压下丙烯为液态，沸点很低（－47.7℃），在蒸发器中蒸发为气态，从而吸收被冷物料的热量，达到制冷目的。

b. 压缩。蒸发器中所得的是低温、低压的丙烯蒸气。外界对系统做压缩功，如提高丙烯的压力到 1.66MPa，丙烯的沸点升高到 40℃，此时，可由普通冷水作冷却剂，使丙烯蒸气在冷凝器中变为液体丙烯。

c. 冷凝。丙烯由气相被冷凝为液态，将热量排给冷却水。

d. 膨胀。高压液态丙烯在节流阀中降压到 0.1MPa，压力降低，沸点降低到－47.7℃。节流膨胀后，低压、低温的液态丙烯进入蒸发器，重新开始下一次低温蒸发，形成一个闭合循环操作过程。

用丙烯作制冷剂，只能获得－47.7℃ 低温，不能获得－100℃ 的低温。所以要获得－100℃ 的低温，必须用沸点更低的气体作为制冷剂。如甲烷在常压下沸点是－162℃，因而可制取－162℃ 温度冷冻级的冷量。但是由于甲烷的临界温度是－82.5℃，若要构成冷冻循环制冷，需用乙烯作制冷剂为其冷凝器提供冷量，这样就构成了甲烷-乙烯-丙烯三元复迭制冷。在这个系统中，冷水向丙烯供冷，丙烯向乙烯供冷，乙烯向甲烷供冷，甲烷向要冷物料供冷，即可达到－162℃ 的低温。

③ 制冷工艺。来自分子筛干燥器的裂解气（15℃）先后通过与冷物料（脱乙烷塔进料、乙烯精馏塔侧线再沸器物料、脱甲烷塔塔底再沸器物料、循环乙烷、甲烷、氢气）和制冷剂（丙烯制冷剂、乙烯制冷剂和二元制冷剂）进行换热，逐步冷冻到－162℃。在每一温度冷冻级，裂解气在脱甲烷塔进料分流换热器 8 中闪蒸，从气相中分离出冷凝液，冷凝液被送往脱甲烷塔 5 合适的进料位置，气相进入下一级冷箱 7 中继续冷却，最后未凝缩的气体是纯度约 70% 的氢气，经冷箱系统换热后升温至 30℃ 进入甲烷化系统精制，以除去一氧化碳。

冷箱 7 是低温换热设备，由于低温极易散冷，所以用绝热材料把一些高效换热器包在一个箱子里，称为冷箱。冷箱在脱甲烷塔之前的称为"前冷流程"，在脱甲烷塔之后的称为"后冷流程"。前冷流程分离出的氢气浓度高，氢气含量为 90% 左右（摩尔分数，下同），后冷流程分离出的氢气纯度比较低，只有 75% 左右。但是脱甲烷塔的操作弹性前冷比后冷要低些，流程较复杂，仪表自动化程度要求较高。本流程采用的是前冷流程。

（2）脱甲烷岗位 脱甲烷塔 5 主要是将甲烷与 C_2、C_3 馏分分离，从塔顶分出甲烷馏分，塔底为 C_2、C_3 馏分。

脱甲烷塔的操作压力足够高（3MPa），以保证塔顶甲烷气体进行干燥器再生。塔顶温度为－96℃。塔顶气体在冷凝器中采用－101℃ 级的乙烯冷媒冷却，冷凝液和气体在脱甲烷塔回流罐中被分离，冷凝液一部分作为回流，一部分作为冷源利用。脱甲烷塔底温度为 7℃，塔底物料经泵加压后经多个换热器回收冷量，进脱乙烷塔下部。

（3）脱乙烷岗位 脱乙烷塔 6 主要是将 C_2、C_3 分离。脱甲烷塔塔底产品进入脱乙烷塔。塔顶温度为－7.4℃，塔底温度为 68℃，塔顶压力为 2.7MPa，用－27℃ 丙烯制冷剂将脱乙烷塔塔顶气体部分冷凝，作为脱乙烷塔的回流。塔顶产品为乙烯-乙烷馏分，为控制产品乙烯所要求的乙炔含量在 1×10^{-5} 以下，通常对塔顶气体进行全馏分加氢。塔顶气体经换热后进入乙炔加氢反应器进行加氢反应。脱乙烷塔塔底物料被送往高压脱丙烷塔。

(4) 脱炔岗位

① 脱炔目的。裂解气中含有少量的乙炔、丙炔、丙二烯，这与裂解原料和裂解条件有关，炔烃的含量随裂解深度的提高而增加。乙炔、丙炔和丙二烯的存在严重地影响乙烯、丙烯的质量，还将影响乙烯、丙烯聚合反应催化剂的寿命，若积累过多还具有爆炸的危险。

② 脱炔工艺。炔烃的脱除方法主要有溶剂吸收法和催化加氢法，溶剂法是采用溶剂（丙酮、二甲基甲酰胺、N-甲基吡咯烷酮等）将裂解气中少量的乙炔或丙炔和丙二烯吸收到溶剂中，达到净化的目的，同时也可回收部分乙炔。催化加氢法是将裂解气中的乙炔加氢生成乙烯。当生产规模较大，不需要回收乙炔时，一般采用催化加氢法脱除乙炔，反应除了生成乙烯、丙烯外，还会生成乙烷、丙烷、绿油（乙炔的油状或低分子聚合物）等副产物，因此，工业上通常用钯催化剂控制反应到生成乙烯、丙烯时止。

催化加氢法有"前加氢"和"后加氢"两种不同的工艺技术。"前加氢"是在脱甲烷塔之前进行加氢脱炔，即氢气和甲烷尚没有分离之前进行加氢脱炔，加氢用氢气是由裂解气中带入的，不需外加氢气，因此，又叫做"自给加氢"。"前加氢"流程简单，能量消耗低，但加氢选择性较差，乙烯损失量多；丁二烯未分出，导致丁二烯损失量较高，且裂解气中较重组分的存在，使加氢催化剂催化剂寿命缩短。"后加氢"是在脱甲烷塔之后进行加氢脱炔，即氢气、甲烷等轻质馏分分离出后，再对所得的 C_2 和 C_3 馏分分别加氢，所需氢气由外部供给，且按比例加入，加氢选择性高，乙烯几乎没有损失，产品质量稳定，但后加氢所用氢气中常含有甲烷，为了保证乙烯的纯度，加氢后还需设第二脱甲烷塔，导致流程复杂，设备费用高。"后加氢"有两种：一是全馏分加氢（乙炔含量高，超过 1.5%）；二是产品加氢（乙炔含量低，一般不超过 1.0%）。

目前更多厂家采用"后加氢"方案。现以"后加氢"为例，简述脱炔工艺流程：脱乙烷塔塔顶气体经乙炔三段加氢反应器的进料换热器与加氢反应气体进行热交换，然后和氢气一起进行预热后进入第一个催化剂床层进行加氢反应。床层温升与加入进料中的氢气成正比。反应器系统有一套安全联锁系统，以便在反应器温度过度上升时切断氢气。来自第一段床层的出料再次与氢气混合，冷却，经绿油分离罐，以同样流程依次进入第二、三段床层，使第三段床层出口气体乙炔含量低于 1×10^{-6}（体积分数）。加氢反应器出口气体在塔顶冷凝器经 -23℃级丙烯冷却到 -11.7℃，经回流罐分离后，冷凝液回流至塔顶，未凝气体干燥后进入乙烯精馏塔。生产中有时在反应器入口注入富含一氧化碳的氢气，因为一氧化碳是乙炔加氢反应的缓和剂。脱炔烃所用的氢气来自于深冷分离系统，其中含有会使加氢催化剂中毒的一氧化碳及少量的二氧化碳与氧气，需在甲烷化反应器内，选用镍催化剂，使富氢中的一氧化碳、二氧化碳与氢气发生反应转化为甲烷和水，反应中生成的水分在干燥器中用 3A 分子筛除去，达到一氧化碳、二氧化碳含量均小于 5×10^{-6}（体积分数）含量的规格。

(5) 乙烯精馏岗位 乙烯精馏塔为浮阀塔。在乙烯精馏塔顶第 11 板分离出纯度达 99.95% 的乙烯送至乙烯产品球罐。乙烯精馏塔的顶部设有巴氏精馏段，用来脱除乙烯产品中残留的甲烷和氢气，乙烯经蒸发后，送往乙烯产品球罐。从乙烯产品球罐出来的乙烯用泵分别加压到高压和中压的压力等级，达到输送条件，也可将液体乙烯用二元制冷剂制冷到 -101℃ 和 0.66MPa 后送往低温罐贮存。若乙烯产品不合格，可循环回脱甲烷塔，以回收乙烯。塔底乙烷分为两股抽出：一是炼厂干气脱甲烷塔的乙烷洗涤液，随循环乙烷离开这个系统；二是加热后被送往循环乙烷/丙烷裂解炉。裂解气经过冷区分离后，剩余组分偏重，需要加热才能将其余组分分离，即将 C_3、C_4 及 C_5 和 C_5 以上组分通过热区的精馏塔得到 C_3、C_4 产品及裂解汽油等产品。

4. 热区

分离热区工艺流程图见图 1-16。

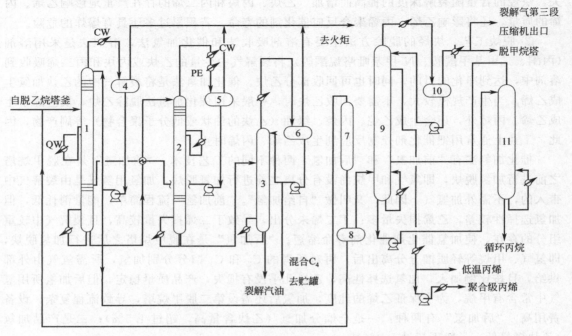

图 1-16　分离热区工艺流程图

1—高压脱丙烷塔；2—低压脱丙烷塔；3—脱丁烷塔；4~6，10—回流罐；
7—C₃ 加氢反应器；8—出料分离罐；9—丙烯精馏第二塔；11—丙烯精馏第一塔

（1）脱丙烷岗位　脱乙烷塔塔底 C_3 产物进入脱丙烷塔，塔顶分出 C_3 馏分，塔釜为 C_4 以上馏分，含有二烯烃，由于脱丙烷塔塔釜温度较高，提馏段及塔釜再沸器易发生二烯烃的聚合结垢，造成塔的堵塞。为节省冷冻功耗，避免温度过高形成的聚合物堵塞，通常在脱丙烷塔的底部注入阻聚剂。目前有些乙烯装置采用了双塔脱丙烷，即用高压脱丙烷塔 1 和低压脱丙烷塔 2。脱乙烷塔塔底 C_3 产物、低压脱丙烷塔塔顶物料及 C_3 加氢反应器出来的 C_3 循环物料作为进料送入高压脱丙烷塔，塔顶气体用冷却水冷凝，馏出物部分回流，产品送到丙炔/丙二烯加氢系统，塔底物料经换热进入低压脱丙烷塔；低压脱丙烷塔塔顶气体被 13℃的丙烯冷凝后进入回流罐，分离水被排出，塔顶液体产品被高压脱丙烷塔塔底物预热后返回到高压脱丙烷塔底部，低压脱丙烷塔塔底物料含有 C_4 及以上组分，被送往脱丁烷塔。

（2）丙炔/丙二烯加氢岗位　脱丙烷塔塔顶 C_3 馏分进丙炔/丙二烯绝热固定床反应器上部，在钯系催化剂的作用下，丙炔/丙二烯加氢生成丙烯或丙烷，物料被送往 C_3 加氢反应器出料分离罐，气体被送往丙烯精馏塔，罐底部含有 C_3 绿油的液体被循环回高压脱丙烷塔，加氢后丙炔/丙二烯含量应小于 $1×10^{-5}$（体积分数）。

（3）丙烯精馏岗位　为了尽量回收丙烯精馏塔塔釜液中的丙烯，有些乙烯装置采用双塔丙烯精馏工艺，将原料分离为聚合级丙烯精馏产品。塔顶部的巴氏精馏段来除去丙烯产品中残余的甲烷和氢气，回流罐排放气体用 13℃丙烯冷凝被循环回裂解气压缩机第三段出口，也可送回脱甲烷塔。聚合级丙烯产品从丙烯精馏第 2 塔巴氏精馏段的下部侧线抽出，冷却后送到界区外贮罐。塔底丙烷进入汽化器，汽化后的 C_3 蒸气和循环乙烷混合后进入循环乙烷/丙烷裂解炉或燃料气系统。

（4）脱丁烷塔岗位　低压脱丙烷塔塔底产品进入脱丁烷塔，在该塔中粗 C_4 产品与 C_5 及以上组分得到分离。冷凝的混合 C_4 产品进入回流罐，部分回流，其余送往混合 C_4 产品贮罐。塔釜为裂解汽油，和汽油汽提塔釜液裂解重汽油汇合并经循环水冷却后去界区外贮罐。

查一查

　　查询工业生产乙烯的其他典型流程中主要设备的结构特点、各设备的主要作用，分析生产中流程的组织与实施。

工作任务6　乙烯的安全生产知识

一、乙烯的贮运和应急处置方法

1. 乙烯的贮运

　　乙烯应贮存于阴凉、通风的库房，远离火种、热源，库温不宜超过 30℃。应与氧化剂、卤素分开存放，切忌混贮。采用防爆型照明、通风设施。禁止使用易产生火花的机械设备和工具。贮区应备有泄漏应急处理设备，贮槽应设置在下风向，应远离经常用火的场所。贮存量不得超过贮槽容积的 90%。贮槽上应装设供冷却用的漏水装置，贮槽支柱要用混凝土或隔热材料覆盖，以防在火灾时倾覆或破裂。对大容量的贮槽，应设置隔油堤。

　　运输乙烯的车辆或船舶上，须设有明显的标志，远离火源，必备灭火器材。乙烯罐车在运输中要注意使容器温度不超过 40℃。停车时要避免阳光直射。在传送过程中，钢瓶和容器必须接地和跨接，防止产生静电。搬运时应轻装轻卸，防止钢瓶及附件破损。配备相应品种和数量的消防器材及泄漏应急处理设备。乙烯操作人员必须经过专门培训，严格遵守操作规程。

　　乙烯存贮的方式有三种。

　　① 在加压（约 2.0MPa 左右）条件下用球形贮罐贮存液态乙烯，其单台贮存容积大多在 $1000\sim1500m^3$（贮存量为 $500\sim750t$）。

　　② 在常压低温条件下用圆柱形贮槽贮存液态乙烯（约 -102℃），其单台贮存容积可达数万立方米（贮存量可达数万吨）。

③ 在常温高压条件下用地下盐洞贮存乙烯，单个贮井的贮存容积可由数万立方米至数十万立方米。

2. 乙烯相关事故的应急处置方法

（1）泄漏应急处理　迅速撤离泄漏污染区人员至上风处，并进行隔离，严格限制出入。切断火源。建议应急处理人员戴自给正压式呼吸器，穿消防防护服。尽可能切断泄漏源。合理通风，加速扩散。喷雾状水稀释。如有可能，将漏出气用排风机送至空旷的地方或装设适当喷头烧掉。漏气容器要妥善处理，修复、检验后再用。

（2）**防护措施**

① 呼吸系统防护：一般不需要特殊防护，高浓度接触时可佩戴自吸过滤式防毒面具（半面罩）。

② 眼睛防护：一般不需要特别防护，必要时，戴化学安全防护眼镜。

③ 身体防护：穿防静电工作服。

④ 手防护：戴一般作业防护手套。

其他：工作现场严禁吸烟。避免长期反复接触。进入罐、限制性空间或其他高浓度区作业，须有人监护。

（3）急救措施　皮肤接触：若有冻伤，就医治疗。吸入：迅速离开现场至空气新鲜处；保持呼吸道通畅；如呼吸困难，给氧；如呼吸停止，立即进行人工呼吸；就医。

灭火方法：切断气源；若不能立即切断气源，则不允许熄灭正在燃烧的气体；喷水冷却容器，可能的话将容器从火场移至空旷处。

灭火剂：雾状水、泡沫、二氧化碳、干粉。

二、防火防爆措施

乙烯易燃，与空气混合能形成爆炸性混合物。遇明火、高热或与氧化剂接触，有引起燃烧爆炸的危险。与氟、氯等接触会发生剧烈的化学反应。为了达到防火防爆的目的，应着重加强火源的管理、防泄漏管理和生产过程中工艺参数的控制等。

1. 加强火源的管理

① 车间内未经办理审批手续，禁止任何明火作业。

② 禁止穿合成纤维服装和带钉子的鞋进入装置。

③ 易燃易爆区域内，禁止用桶倒装或装卸易燃液体，以防静电火花引起事故。

④ 易燃易爆岗位，房间应通风良好，气体浓度必须严格控制在爆炸下限以下。

⑤ 车间贮罐的检尺孔、取样孔用后必须盖严，以防雷击，其上盖和孔之间用橡胶、石棉、四氟乙烯等不产生火花的物质衬垫，以防撞击产生火花。

⑥ 不得将相互产生化学反应、具有火灾和爆炸风险的两种污水混合排入下水道。

⑦ 在防火防爆区内严禁吸烟，禁止使用手机、传呼机等非防爆通信工具。

2. 工艺参数的安全控制

在乙烯生产中，应严格控制温度、压力、空气流量等各种工艺参数，防止超温和溢料、跑料，以免发生火灾、爆炸事故。

3. 火灾及爆炸事故的处理

① 当岗位发生火灾及爆炸事故时，做好初期补救工作。

② 立即通知值班长、厂调度处等相关部门。同时，报火警"119"。

③ 根据现场火灾及爆炸事故的大小，必要时由值班长组织系统停车处理。

④ 关闭物料管线阀门，系统停车，放空泄压，使火势减弱，最后熄灭。

⑤ 要及时向设备内、管道内注入化学性质不活泼气体（如 N_2），以免回火，发生爆炸。

⑥ 油类着火，一般用干粉灭火器即可，当电器发生火灾时，应用 1211 灭火器灭火。

章节练习

一、名词解释

有机化工；烃类热裂解；一次反应；二次反应；裂解原料的氢含量。

二、填空题

1. 有机化工中"三烯"指＿＿＿＿、＿＿＿＿、＿＿＿＿；"三苯"指＿＿＿＿＿、＿＿＿＿、＿＿＿＿。

2. 烃类热裂解最适宜的条件是＿＿＿＿＿＿、＿＿＿＿＿＿＿。

3. 由于水在低温时会＿＿＿＿，并能和轻质烃生成＿＿＿＿，轻则＿＿＿＿＿，重则＿＿＿＿＿＿，因此，在裂解气的分离中要严格控制水含量。

4. 工业上脱除乙炔的方法有＿＿＿＿＿＿＿＿、＿＿＿＿＿＿＿。

三、简答题

1. 裂解温度对烃类热裂解反应有何影响？

2. 热裂解过程中加入稀释剂的目的是什么？为什么选水蒸气为稀释剂？

3. 裂解气为何要用多段压缩？

4. 裂解气中含哪些酸性气体？其危害及脱除方法分别是什么？

5. 什么是深冷分离法？主要由几个部分组成？

6. 试写出正戊烷裂解的一次反应。

四、画流程示意图

1. 轻柴油裂解的生产工艺。

2. 裂解气顺序分离流程。

项目 2　乙醛的生产技术

学习要点：

1. 了解乙醛的性质、用途和生产情况；

2. 能分析影响乙烯氧化生产乙醛反应的工艺条件；

3. 了解鼓泡塔反应器的结构特点；

4. 掌握乙烯氧化生产乙醛的工艺流程组织；

5. 了解乙醛生产及贮运中的安全措施。

工作任务 1　乙醛的产品调研

一、乙醛的性质及用途

1. 乙醛的性质

乙醛，又名醋醛，分子式 C_2H_4O，无色易流动液体，有刺激性气味，易燃易挥发，可与水和乙醇等一些有机物质互溶，其主要物理性质见表 2-1。

表 2-1　乙醛的主要物理性质

熔点/℃	沸点/℃	临界温度/℃	相对密度	闪点/℃	爆炸范围(体积分数)/%
−121	−20.8	188	0.78	−39	4.0~57.0(在空气中)

乙醛中毒类似酒精中毒，刺激眼鼻、呼吸器官，麻醉中枢神经系统，表现为体重减轻、贫血、神志恍惚、智力丧失和精神障碍等症状。操作场所空气中允许浓度为 0.1mg/L。

> **知识小站** ▶▶▶
>
> 　　现实生活中，有很多人一碰酒脸就红了起来，给人的第一感觉就是：这人喝不了酒，酒量不行。那事实到底是怎样的呢？为什么脸会红呢？怎样才能缓解脸红呢？
> 　　之所以会出现脸红的情况，是因为乙醇（即酒精）进入人体后在乙醇脱氢酶作用下被分解成乙醛，这是一种对人体有害的物质。人体内还有一种乙醛脱氢酶，对乙醛具有分解作用，一些不常喝酒的人这种酶的分解功能一般较弱，因此才会出现一喝酒就脸红的情况。乙醛具有让毛细血管扩张的功能，一旦脸部毛细血管出现扩张的情况，就会导致部分人出现脸红的情况。也就是说喝酒脸红的人迅速将乙醇转化成乙醛，这类人群有高效的乙醇脱氢酶，却缺少乙醛脱氢酶。乙醛累积却迟迟不能代谢，因此才会涨红了脸。

2. 乙醛的用途

乙醛分子内有醛基官能团，能够发生醛类所能进行的全部化学反应，由于"醛"本身的化学活性，再加上羰基相邻甲基上的氢原子受到羰基的影响而活化，导致乙醛分子具有很强的化学活性。乙醛是一种重要的有机化工中间体，国内生产的乙醛大部分作为生产乙酸的中间体，少量用于生产季戊四醇、丁醇、三氯乙醛、缩醛、巴豆醛、过氧乙酸、三羟甲基丙烷等产品。这些产品广泛应用于纺织、医药、农药、塑料、化纤、染料、香料、食品等领域。

> **知识小站** ▶▶▶
>
> 　　市场上出售的乙醛水溶液大都是质量分数为 40% 的，实验室中要想得到纯度高的乙醛，可向乙醛溶液中加入 1%~5% 的浓硫酸（98%），蒸馏制取。冷凝水要用冰水，收集瓶要放在冰水中，得到的乙醛密封放在冰箱里，低温保存。

二、乙醛的生产状况

1. 国外乙醛生产状况

2016 年世界乙醛生产能力大于 218.4 万吨/年，产量为 88.7 万吨，消费量为 87.9 万吨，供需平衡。预计 2017—2021 年世界乙醛需求年均增长率为 3.0%，到 2021 年世界乙醛需求量将达到 101.8 万吨。世界乙醛三大生产厂家是美国伊士曼化工公司、日本昭和电工公司和中石油吉林石化公司（中石油为中国石油天然气集团有限公司简称），合计占 2016 年世界乙醛生产能力的 23%。2016 年世界主要乙醛生产厂家见表 2-2。

表 2-2　2016 年主要乙醛生产厂家

序号	公司名称	生产能力/(万吨/年)	占世界总产能比例/%
1	美国伊士曼化工公司	20.0	9.2
2	日本昭和电工公司	16.0	7.3
3	中石油吉林石化公司	14.0	6.4
4	塞拉尼斯化学欧洲有限公司	12.0	5.5
5	中海先锋化工（泰兴）有限公司	9.0	4.1
6	山东泓达生物科技有限公司	7.0	3.2
7	日本住友化学有限公司	6.9	3.2
8	日本 KH 弘化有限公司	6.0	2.7
9	李长荣化学工业股份有限公司	6.0	2.7
10	山东金沂蒙集团有限公司	6.0	2.7
11	山东福恩生物化工有限公司	6.0	2.7
12	山东同兴生物科技有限公司	6.0	2.7
13	石家庄新宇三阳实业有限公司	6.0	2.7

目前美国、西欧、中东、日本、韩国主要采用乙烯氧化法生产乙醛，占乙醛总产量的 46%，中国和印度主要采用乙醇为原料生产乙醛，占乙醛总产量 47%，仅有独联体和波罗的海沿岸国家主要采用乙炔法生产乙醛，占乙醛总产量的 7%。2016 年世界乙醛消费量达到 87.9 万吨，由于甲醇羰基化生产乙酸大规模工业化，因此只有 14.0 万吨的乙醛用于生产乙酸，占乙醛消费量的 16%。季戊四醇、吡啶和乙酸酯生产分别占 2016 年世界乙醛消费量的 23%、34% 和 10%。季戊四醇和乙酸酯生产占 2016 年世界乙醛消费量的 17%。

2. 国内乙醛生产状况

2016 年我国乙醛生产能力为 91.88 万吨/年。生产厂家较多，但多数规模较小。表 2-3 列出的 11 家生产厂家占我国乙醛生产能力的 74%，其他产能很小。我国乙醛生产的方法如下：乙醇法 84.8%，乙烯法 15%。高成本操作导致中石化扬子石化 7.5 万吨/年乙醛装置 2006 年 5 月关停，中石化上海石化 5 万吨/年乙醛装置 2011 年 3 月关停。两家公司都采用乙烯作为乙醛原料。

预计到 2021 年，我国乙醛生产能力将达到 119.4 万吨/年。2016 年我国乙醛产量为 39.5 万吨，行业平均开工率为 43%。国内乙醛产能充裕。2016 年我国主要乙醛生产厂家情况见表 2-3。

表 2-3　2016 年我国主要乙醛生产厂家情况

公司名称	生产能力/(万吨/年)	
	2016 年	2021 年
中海先锋化工（泰兴）有限公司	9.0	9.0
香港新实业国际控股(吉林)山梨酸有限公司	2.0	2.0
中石油吉林石化公司	14.0	14.0
开磷集团赤峰瑞阳化工有限公司	2.5	2.5
南通醋酸化工有限公司	5.0	5.0

公司名称	生产能力/(万吨/年)	
	2016 年	2021 年
山东福恩生物化工有限公司	6.0	6.0
山东金沂蒙集团有限公司	6.0	14.0
山东泓达生物科技有限公司	7.0	12.0
山东同兴生物科技有限公司	6.0	6.0
石家庄新宇三阳实业有限公司	6.0	6.0
唐山晨虹实业有限公司	5.0	5.0
其他	23.38	37.9
总计	91.88	119.4

查一查

　　查阅资料了解家乡省份乙醛生产的主要厂家及生产规模。

三、乙醛的生产路线

　　目前，世界上乙醛的生产工艺路线主要有以下几种：一种是以乙醇为原料，经催化氧化生产乙醛；另一种是以乙烯为原料，进行催化氧化反应生产乙醛；此外还可采用乙炔水合法进行制备。目前，世界上的大型乙醛生产装置主要采用乙烯法进行生产，其次采用乙醇法。近年来，我国乙醛生产技术的研究进展主要体现在乙醇法的改进、以乙烷以及生物质等制备乙醛的新方法上。

1. 乙醇氧化或脱氢法

　　乙醇氧化法是用银或铜作催化剂，在 550℃高温下进行反应的，反应方程式为：

$$CH_3CH_2OH + \frac{1}{2}O_2 \longrightarrow CH_3CHO + H_2O$$

　　特点：此法转化率为 35% 左右，产率达 90%～95%。由于反应温度高，比较容易生成深度氧化物，所以需结合工艺来源判断：如乙醇由粮食发酵而得，则是不合理的；如果由乙烯水合而得，就比较经济合理。

　　乙醇脱氢法是以铜或以铬活化的铜作催化剂，在 260～290℃温度下进行反应，反应方程式为：

$$CH_3CH_2OH \longrightarrow CH_3CHO + H_2$$

　　特点：此法反应温度较低，不易生成深度氧化物，并副产高纯度氢气，所以脱氢法比用氧化法更为优越。

　　工业上也有将氧化法和脱氢法结合起来的工艺，即只提供不足量的空气作氧化剂，氧化反应所释放的热量正好为脱氢反应所吸收，解决了热量的供应和散热问题。

2. 乙炔水合法

　　1916 年，乙炔在硫酸汞催化剂作用下经过液相水合法实现工业化，其反应方程式如下：

$$C_2H_2 + H_2O \xrightarrow{HgSO_4} CH_3CHO$$

　　优点：技术成熟，纯度高、产率高。

　　缺点：乙炔来自碳化钙（电石），需消耗大量的电力，催化剂对设备有腐蚀，汞严重影响工人的身体健康。所以此法逐步被淘汰。但随着石油、天然气制乙炔的技术发展，人们研究出乙炔气在非汞型的固体催化剂（主要是磷酸盐类），用水蒸气进行直接水合生产乙醛的工艺。

3. 乙烯直接氧化法

这是 20 世纪 60 年代出现的工艺。

优点：原料便宜，成本低、收率高，副反应少，世界上约有 70% 乙醛生产工艺采用此法。

缺点：用氯化钯、氯化铜的盐酸溶液作催化剂，催化剂对设备的腐蚀严重，设备的材质需用贵金属钛等特殊材料。

改进：将氧化钯负载在氧化铝、硅酸铝、沸石等载体上进行气固相反应来合成乙醛，已实现工业化，并且人们正在寻找非钯催化剂。

4. 烃类氧化法

以丙烷或丁烷等饱和烃类为原料，催化或非催化气相氧化，能制得含有甲醛、乙醛、醇、酸、酮、酯等组成复杂的有机含氧化合物的混合物。

特点：各种产物的生成量均较大，沸点较接近，分离困难，不易回收，还有较大的设备腐蚀问题，所以，该法采用较少。

5. 利用生物质制备醛

该工艺利用小麦或小麦面粉深加工后产生的浆渣生产乙醇，把乙醇蒸气直接引入氧化塔生成乙醛，生成的乙醛可以作为产品分离出来，也可以进一步氧化生成乙酸。

特点：这一工艺利用农副产品深加工产生的废水废渣生产乙醇、乙醛或乙酸，绿色环保，具有很好的经济效益和社会效益。

> **知识小站** >>>
>
> 乙醛的用途之一是生产乙酸（乙酸）。乙酸是一种重要的有机化工原料，在有机酸中产量最大，是近几年世界上发展较快的一种重要有机化工产品，预计我国 2010 年需求量将达到 1440～1620kt。乙酸的最大用途是生产乙酸乙烯酯，其次是用于生产乙酸纤维素、乙酐、乙酸酯，并可用作对二甲苯生产对苯二甲酸的溶剂。目前乙酸生产工艺主要有甲醇羰基合成法、乙醛氧化法和丁烷液相氧化法。据统计，全球乙酸生产工艺中，甲醇羰基合成法占 64%，乙醛氧化法占 19%，其余为丁烷氧化法。乙醛氧化法是以乙酸锰为催化剂，乙醛在常压或加压下与氧气或空气进行液相氧化反应生成乙酸，其主反应是：
>
> $$CH_3CHO + \frac{1}{2}O_2 \xrightarrow[70\sim80℃,200\sim300kPa]{(CH_3COO)_2Mn} CH_3COOH + 346.01kJ/mol$$

工作任务 2 乙烯氧化生产乙醛的生产原理

一、反应原理

乙烯直接氧化法，它是世界上第一个实现工业化的采用均相配位催化剂的工艺过程，该法以氯化钯、氯化铜、盐酸、水组成的溶液为催化剂，使乙烯直接氧化为乙醛。其反应原理如下：

$$CH_2{=}CH_2 + \frac{1}{2}O_2 \xrightarrow[120\sim130℃,300\sim350kPa]{PdCl_2\text{-}CuCl_2\text{-}HCl\ 水溶液} CH_3CHO + 243.68kJ/mol$$

事实上该反应是通过 3 个反应步骤进行的。

① 乙烯的羰基化。乙烯在氯化钯水溶液中氧化为乙醛并析出金属钯。

$$C_2H_4 + PdCl_2 + H_2O \longrightarrow CH_3CHO + Pd + 2HCl$$

在此反应中，产物乙醛分子中的氧原子是水分子提供的。

② 金属钯的氧化。反应①析出的金属钯被氯化铜氧化为氯化钯，而氯化铜被还原为氯化亚铜。

$$Pd + 2CuCl_2 \xrightarrow{H_2O} PdCl_2 + 2CuCl$$

③ 氯化亚铜的氧化。反应②生成的氯化亚铜在盐酸溶液中迅速被空气氧化为氯化铜。

$$2CuCl + 2HCl + \frac{1}{2}O_2 \longrightarrow 2CuCl_2 + H_2O$$

在这个反应中，按照生成乙醛的数量，氯化铜按化学当量被还原为氯化亚铜。在较低浓度时，氯化亚铜以二氯络合物形式存在于溶液中。生成的氯化亚铜在酸性溶液中容易被空气或氧气重新氧化为氯化铜。由于 $CuCl_2$、$CuCl$ 和 $PdCl_2$ 等均参与反应，且反应前后基本没有变化，所以共形成催化剂。选择适当的操作条件、温度与压力、催化剂组成和乙烯-氧气混合组成等，使反应速率加快，即可保证总反应得以连续进行，达到稳产、高产的目的。

可见，上述三个反应组成了催化剂的循环体系。这里 $PdCl_2$ 是催化剂，$CuCl_2$ 是氧化剂，但也可视为间接催化剂。因为没有 $CuCl_2$ 的存在，就不能完成此催化过程。氧的存在也是必要的，虽然反应①和②不需要氧，而反应③须将还原生成的 $CuCl$ 再氧化为 $CuCl_2$，以保持催化剂溶液中有一定浓度的 $CuCl_2$。

本反应由于在钯盐催化下，氧不直接与乙烯氧化，使得乙烯氧化反应具有良好的选择性，产率一般为 95% 左右，副产物很少，主要副产品是乙酸、草酸、巴豆醛、二氧化碳和微量的气态氯代烃、草酸铜沉淀以及不溶性褐色残渣（聚合物）等。

这些副反应的发生，不仅影响产品的产率，而且影响催化剂的活性。这是因为在副反应中要消耗氯，同时，草酸使二价铜离子沉淀，这就必然会使催化剂溶液中二价铜离子浓度降低。

二、催化剂的组成

之前已介绍，乙烯氧化生产乙醛的催化剂是液体，其中含有氯化钯、氯化铜、氯化亚铜、盐酸和水等，这些物质在溶液中能解离成 Cu^{2+}、Cu^+、Cl^-、H^+ 或络合成 $PdCl^+$ 等离子，使催化剂溶液呈较强的酸性，在反应过程中，这些离子的浓度会随着化学反应的进行而发生改变，因此，工业生产中必须选择一个适宜的催化剂溶液组成，并控制其钯浓度、铜浓度、氧化度和 pH 值等，以保持催化剂活性的稳定。

工业采用较低的钯浓度来保证必要的反应速率。一般是钯浓度为 $0.5kg/m^3$，铜与钯的比值在 100 以上。氧化度一般以二价铜离子与总铜离子（二价铜离子与一价铜离子的总和）的比值来表示。总铜量控制在 $65\sim75kg/m^3$，氧化度在 50% 左右。pH 值一般控制在 $0.8\sim1.2$，催化剂中钯盐含量减少和氯化亚铜沉淀的生成，都会导致 pH 值上升。

想一想

产物乙醛中的氧是来自氧气吗？

工作任务 3　乙烯氧化生产乙醛的工艺条件

一、反应压力

乙烯氧化生成乙醛的反应是在气-液相中进行的，增加压力有利于气体（乙烯）在液体（催化剂溶液）中的溶解，提高反应物浓度，加速反应的进行，但考虑到生产中的能量消耗、设备防腐的热性能和副产物的生成等因素，反应压力也不宜过高，一般控制在 $300\sim350kPa$。

二、反应温度

从热力学角度分析，乙烯氧化生产乙醛的反应放出的热量较大，降低温度，对反应平衡有利。为使反应能在一定的温度下进行，必须及时引出过量的反应热。生产中就是利用此热量来蒸发乙醛和催化剂溶液中的水，达到引出过量反应热的目的。从动力学角度分析，升高温度，反应速率常数 k 值增大，有利于加快反应速率，但是因为是气液反应，随着温度升高，乙烯在催化剂溶液中的溶解度减小，反应物浓度下降，反应速率也会下降，综合以上因素，在压力 $300\sim350kPa$ 时，反应温度为 $120\sim130℃$。

三、原料纯度

原料乙烯中炔烃、硫化氢和一氧化碳等杂质的存在危害很大，这些杂质易使催化剂中毒，降低反应速率。乙炔分别与亚铜盐和钯盐作用，生成相应的易爆炸的乙炔铜和乙炔钯化合物。同时使催化剂溶液的组成发生变化，并引起发泡；硫化氢与氯化钯在酸性溶液中能生成硫化物沉淀；一氧化碳的存在，能将钯盐还原为钯。因此原料质量必须控制严格。一般要求：乙烯纯度大于 99.5%，乙炔含量小于 3×10^{-5}，硫含量小于 $3\mu L/L$，氧的纯度在 99.5% 以上。

四、原料气配比

从乙烯氧化制乙醛的化学反应方程式来看，乙烯与氧的摩尔比是 $2:1$，此配比（乙烯体积分数 66.7%）正好处在乙烯-氧气的爆炸范围之内（常温常压下，乙烯在氧气中爆炸范围是 $3.0\%\sim80\%$，并随压力和温度的升高而扩大），造成生产不安全。因此，工业上采用乙烯大量过量的办法，使混合物的组成处在爆炸范围之外，这样，乙烯的转化率会下降很多，并将有大量未反应的乙烯气要循环使用。为使循环乙烯气组成稳定，惰性气体不致过于积累，生产中需放掉一小部分循环乙烯气。

在实际操作中，为保证安全，必须控制循环乙烯气中氧气的含量在 8% 左右，乙烯含量在 65% 左右，若氧含量高达 12% 或乙烯含量降至 58% 时，仍会形成爆炸性混合物，须立即停车，并用氮气置换系统中的气体，排入火炬烧掉。

五、空速

空速是指空间速度，单位为 h^{-1}，计算式：

$$空速 = \frac{V_{反应气}}{V_{催化剂}}$$

式中　$V_{反应气}$——反应气体在标准状态下的体积流量，m^3/h；

　　　$V_{催化剂}$——催化剂的体积，m^3。

生产中常用提高空速的办法来提高催化剂的生产能力，但必须选择适宜。若空速过大，原料气与催化剂溶液的接触时间过短，乙烯尚未反应就离开反应区，从而使乙烯转化率下降。反之，空速太小，原料气与催化剂溶液的接触时间增加，乙烯的反应进行得完全。虽然乙烯的转化率增加，但副反应产物的增加也显著，结果使产率下降。

查一查

查阅资料，请分析还有哪些因素会影响反应。

工作任务4　乙烯氧化生产乙醛的典型设备

乙烯氧化生产乙醛的设备主要由反应器和除沫器两部分组成，结构见图 2-1，反应器是鼓泡反应器。

鼓泡反应器是气液反应器的一种，它以液相为连续相、气相为分散相，类型有槽型鼓泡反应器、鼓泡管式反应器、鼓泡塔等多种结构形式，其中鼓泡塔应用最广。鼓泡塔结构简单、运行可靠、制造成本低，已成功用于藏红花素的生产、精对苯二甲酸（PTA）装置规模化的生产。鼓泡塔多为空塔，一般在塔内设有挡板，以减少液体返混；为加强液体循环和传递反应热，可设外循环管和塔外换热器。鼓泡塔中也可设置填料来增加气液接触面积、减少返混。气体一般由环形气体分散器、单孔喷嘴、多孔板等分散后通入。气体鼓泡通过含有反应物或催化剂的液层以实现气液相反应。

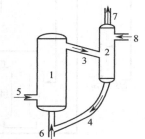

图 2-1　乙烯液相氧化制乙醛反应器及除沫器结构简图

1—反应器；2—除沫器；3—连接管；
4—循环管；5—氧气入口；6—乙烯入口；
7—产物出口；8—冷凝水进口

鼓泡塔的优缺点如下。

优点：鼓泡塔反应器结构简单、造价低、易控制、易维修、防腐问题易解决，用于高压时也无困难。

缺点：鼓泡塔内液体返混严重，气泡易产生聚并，故效率较低。为克服鼓泡塔中的液相返混现象，当高径比较大时，常采用多段鼓泡塔。

乙烯氧化生产乙醛的反应器的外壁材质是碳钢，内衬防腐橡胶两层，催化剂溶液装填量为反应器的 1/2～2/3；因为该反应是放热反应，反应温度高达 130℃，橡胶层是不耐高温的，所以为防止橡胶过热而再衬两层砖。原料乙烯和氧气分别从 6 号和 5 号入口加入到反应器 1 中，产物通过连接管 3 进入除沫器 2 中，除沫器的作用主要是除催化剂泡沫和进行气液分离，冷凝水从 8 号口加入，洗涤产物中夹带的催化剂，催化剂溶液沉降到除沫器底部，经循环管 4 返回反应器底部，形成催化剂溶液的快速循环，气相产物从 7 号口排出继续分离。

工作任务 5　乙烯氧化生产乙醛的工艺流程

乙烯氧化法有两种生产工艺，即一步法和二步法，一步法工艺是指羰基化反应和氧化反应在同一反应器中进行，用氧气作氧化剂，故又称氧气法。二步法工艺是指羰基化反应和氧化反应分别在不同的反应器中进行，用空气作氧化剂，故又称空气法。这里主要讨论一步法，其工艺流程如图 2-2 所示。

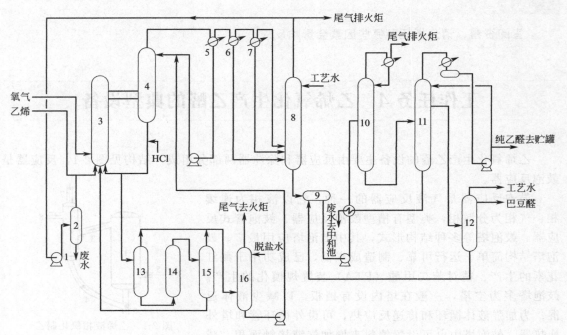

图 2-2　乙烯氧化生产乙醛一步法工艺流程

1—水环压缩机；2—分离器；3—反应器；4—除沫器；5～7—第一、二、三冷凝器；

8—循环气洗涤塔；9—粗乙醛贮罐；10—脱轻馏分塔；11—精馏塔；12—巴豆醛抽提塔；

13—旋风分离器；14—再生器；15—闪蒸罐；16—尾气洗涤塔

一、氧化工段

新鲜乙烯加进反应器之后，循环气以高速从反应器底部流入。在循环气进口的上面再加进适量的氧气。两股气体在催化剂溶液中很快分布并反应生成乙醛。反应压力为 350kPa，温度为 120～130℃，在这种操作条件下，乙醛生成物是气态的，再加上被反应热蒸发出的蒸汽，使反应器内充满了密度相当低的气液混合物。这种混合物通过反应器上部的两根连接管进入除沫器 4，在除沫器里气体从液体中分离出来，由除沫器顶部排出。排出的气体称为工艺气，其组分为：蒸汽、乙醛、乙烯、氧气及少量的副产物和惰性气体。从除沫器顶部排出的气体进入第一冷凝器 5 进行冷却冷凝，冷凝液返回除沫器。

未凝气体进入两个串联操作的冷凝器 6 和冷凝器 7 进一步冷却，冷凝液流入循环气洗涤塔 8 的底部，未凝气体再进入循环气洗涤塔 8，在该塔上部用工艺水喷淋吸收乙醛，洗涤塔顶部排出的循环气经水环压缩机 1 压缩后进入分离器 2,分离掉压缩气体所夹带的水滴。经分离水滴后的循环气和补充来的新鲜乙烯一起进入反应器 3 的底部。含有乙醛的洗涤塔 8 塔釜的液体流入粗乙醛贮罐 9。

从洗涤塔排出的循环气体,其组分为:乙烯最低含量为 65%(体积分数),氧气最高含量为 8%(体积分数)及少量氮气、二氧化碳、氩气和乙烷等。为了维持循环气组分恒定,避免惰性气体在循环气中聚积过多,必须连续引出相当量的一部分循环气送到火炬燃烧掉。为使装置安全运行,循环气中 C_2H_4 和 O_2 的组分必须高于爆炸上限,其浓度控制在:氧气 6%~8%(体积分数),乙烯大于 65%(体积分数)。

二、精制工段

由粗乙醛贮罐 9 出来的经预热后的粗乙醛再进入脱轻馏分塔 10,采用直接蒸汽加热。塔顶压力为 300kPa,温度为 60℃,塔釜压力为 320kPa,温度为 106℃。从塔顶蒸出的氯甲烷、氯乙烷等低沸物及少量乙醛进入塔顶冷凝器进行冷却冷凝,冷凝液作为塔顶回流,未凝气体去火炬烧掉。

为了减少低沸物带走的乙醛量,在塔顶最高端的筛板上加入脱盐水,吸收低沸物中的乙醛气体。

脱去低沸物的粗乙醛,利用压差从脱轻馏分塔 10 流入精馏塔 11,直接用蒸汽加热。该塔操作压力为塔顶 120kPa,塔釜 140kPa,控制塔底温度在 125℃,通过调节回流量控制塔顶温度在 43℃。从塔顶蒸出的纯乙醛进入冷凝器冷凝,冷凝液(纯乙醛)部分作为塔顶回流(回流比 $R=1$),另一部分冷却到 40℃后进入纯醛贮罐。

精馏塔 11 的塔釜液是脱除了乙醛(乙醛含量<0.1%)的废水,将其经预热器换热,再经冷却器进一步冷却到 40℃后,排放至废水中和池。

为了保持塔内中沸程化合物的含量不变,以保证乙醛质量,在精馏塔 11 精馏段的第 4(或 6、或 8)块塔板连续采出巴豆醛馏分,经冷却、萃取得巴豆醛,送巴豆醛贮罐。

三、催化剂再生

在反应系统中除生成乙醛外,还生成少量的不溶性固体副产物。为了保持催化剂的活性与组成,并使这些不溶性残渣控制在低含量,须从催化剂循环管中连续抽出一部分催化剂溶液送到催化剂再生单元进行再生,回收钯和铜,恢复催化剂的活性,经再生后的催化剂溶液再返回反应系统循环使用。

从反应系统催化剂循环管抽出的催化剂溶液,在未进入旋风分离器 13 之前的管路中,就加入氧气和盐酸,把氯化亚铜氧化为氯化铜。该段管路称为"氧化管",在氧化管中的反应为:

$$2CuCl + 2HCl + \frac{1}{2}O_2 \longrightarrow 2CuCl_2 + H_2O$$

催化剂溶液经过旋风分离器时压力降低,温度也从 125℃降到 105℃,由旋风分离器底部排出,送到再生器 14,控制再生器的压力稳定在 1~1.1kPa。再生器中的催化剂用蒸汽直接加热到 170℃左右,通入氧气,使催化剂溶液中的副产物草酸铜和不溶性残渣得到分解,同时生成二氧化碳。再生后的气液混合物进入闪蒸罐 15,控制压力在 490kPa,进行闪蒸分离,合格的催化剂溶液从再生器底部返回反应器。此催化剂溶液中含有较高浓度的 Cu^+,应控制 Cu^+ 浓度小于等于 50%(按总铜计),否则容易堵塞管道。

旋风分离器 13 中的乙醛和相当数量的水从催化剂溶液中蒸出,由顶部排出,与闪蒸罐排出的气体一起经过冷凝后进入尾气洗涤塔 16，在塔上部用脱盐水喷淋，吸收尾气中的乙醛，吸收液连同第一冷凝器 5 的冷凝液一起返回反应器，经洗涤后的气体排至火炬烧掉。

催化剂溶液中含有盐酸，对设备腐蚀极为严重。因此，在反应条件下反应器、除沫器必须具有良好的耐腐蚀性能，防腐措施一般是内衬防腐橡胶和耐酸瓷砖。其余各法兰的连接和氧气管，采用钛钢金属管。在乙醛精制部分，因副产物中含有少量乙酸及其一氯化物，对设备也有腐蚀，需采用含钼不锈钢。与纯乙醛接触的设备和管道，因无腐蚀，可用一般碳钢。

工作任务 6 乙醛的安全生产知识

乙醛生产过程中接触的物料乙烯、纯氧和乙醛为易燃物。乙烯与空气混合有爆炸危险。巴豆醛、盐酸气对人体有毒、有害。

一、乙醛的安全重点部位

1. 氧化反应器

氧化反应是一个剧烈的放热过程，如果控制失调，会突然造成超温超压，严重时可造成恶性事故。氧化反应的循环气中乙烯是在其爆炸上限循环，当乙烯和纯氧配比失控就可能形成爆炸性混合物，由反应热引起着火爆炸事故。

① 投料前要检查反应系统的设备、容器及其附属管线，必须用氮气充分吹扫与置换，氧含量小于 0.2%，可燃物含量小于 0.1%。

② 应经常对投料比进行检查，发现异常的温度、压力变化时提醒操作人员查找原因，及时处理，还应注意对各指示仪表和调节操作机构的准确性和灵敏情况进行检查，防止误指示和操作失灵的故障发生。

③ 反应器顶部的防爆膜，需每年更换一次，每半年或检修时应检查执行情况，并做记录。

2. 其他部位

① 监督装置，特别是氧化反应器系统的事故越限报警信号和安全联锁系统，必须有专人负责定期检查、调试并做记录，确保紧急情况下能自动动作、安全停车。禁止随意解除系统自动氮气吹扫、可燃气排火炬燃烧的报警信号和安全联锁装置。

② 对装置中高冰点物料乙酸、粗乙醛、催化剂等的防冻防凝措施如下：蒸汽加热伴管，N_2 吹扫排除管道堵料，进行经常性的检查，防止管道和设备堵塞。

③ 氮气贮罐的压力应保持在 2~2.2MPa，发现不足时，要督促立即补充，以便事故状态下应急使用。

二、乙醛的安全应急响应

如误食：立即饮用大量温水，催吐，就医。

如皮肤沾染：立即脱去污染的衣服，用肥皂水及清水彻底冲洗。

如发生皮肤刺激：就医。

如进入眼睛：立即提起眼睑，用大量流动清水彻底冲洗。

如吸入：迅速脱离现场至空气新鲜处，保持呼吸道畅通，必要时进行人工呼吸，就医。

火灾时：用雾状水、干粉、抗溶性泡沫、二氧化碳、砂土等灭火。

三、乙醛的贮存和运输

1. 贮存

贮于阴凉、通风良好的专用库房或贮罐内，远离火种、热源，防止破损；操作时禁止使用易产生火花的机械设备和工具；贮存区应备有泄漏应急处理设备和合适的收容材料；视需要装设监测警报系统并限量贮存；大量贮存用槽必须是钢制品，置于开放地区，并备有温度控制自动洒水系统以维持 20℃ 以下的温度；卸放时应以氮气或其他惰性气体作为压力源。

2. 运输

乙醛是低闪点易燃液体，包装（如果可能）：钢质气瓶；安瓿瓶外普通木箱；螺纹口玻璃瓶、铁盖压口玻璃瓶、塑料瓶或金属桶（罐）外普通木箱；罐车（充装系数 $0.626t/m^3$）。

特殊运送方法及注意事项：铁路运输时限使用耐压液化气企业自备罐车装运，装运前需报有关部门批准。夏季最好早晚运输。运输时所用的槽（罐）车应有接地链，槽内可设孔隔板以减少震荡产生静电。运输途中应防曝晒、雨淋，防高温。中途停留时应远离火种、热源、高温区。装运的车辆排气管必须配备阻火装置，禁止使用易产生火花的机械设备和工具装卸。

====== 章节练习 ======

一、填空题

1. 乙烯氧化生产乙醛的催化剂是_____，温度为_____。

2. 乙烯氧化生产乙醛的一步法工艺流程可分为_____、_____和_____三部分。

3. 乙烯氧化生产乙醛的精制工段操作中为了减少低沸物带走乙醛，在塔顶最高端的筛板上加入了_____，吸收低沸物中的_____。

二、判断题

1. 乙烯水合可以生成乙醇，又可以生成乙醛。   （   ）

2. 乙烯氧化生产乙醛的工业生产中采用氧过量的办法。   （   ）

3. 乙烯生产乙醛的过程中有氧气参与，但金属钯的氧化不需要氧。   （   ）

4. 乙烯氧化生产乙醛催化剂中钯盐含量减少和氯化亚铜沉淀的生成，都会使 pH 值下降。   （   ）

三、简答题

1. 说明生产乙醛主要有哪几种方法？

2. 叙述乙烯氧化生产乙醛的反应原理，并写出反应方程式。

3. 一步法乙烯氧化生产乙醛，原料配比如何选择？

4. 乙烯氧化法生产乙醛有哪些防腐措施？

四、画流程示意图

画出乙烯氧化生产乙醛工艺流程中催化剂再生部分。

项目3 乙酸的生产技术

学习要点：

1. 了解乙酸的性质、用途和生产情况；

2. 能分析影响乙醛氧化生产乙酸反应的工艺条件；

3. 了解内冷却、外冷却型氧化塔的结构特点和区别；

4. 掌握乙醛氧化制取乙酸的工艺流程组织；

5. 了解乙酸生产及贮运中的安全措施。

工作任务 1　乙酸的产品调研

一、乙酸的性质及用途

1. 乙酸的性质

乙酸，分子式 CH_3COOH，又名醋酸。很早以前，中国就已经用粮食酿造食醋。食醋中含有 3％～5％的乙酸。乙酸是无色透明液体，有特殊的刺激性气味，具有腐蚀性，能与水、醇、酯、氯仿、苯等有机溶剂以任何比例混合。其凝固点为 16.8℃，冬季无水乙酸会凝固成像冰一样的固体，所以又称为冰乙酸。

乙酸是重要的有机酸之一，其主要物理性质见表 3-1。

表 3-1　乙酸的主要物理性质

凝固点 /℃	沸点 /℃	临界温度 /℃	临界压力 /MPa	相对密度	黏度(20℃)/ (mPa·s)	爆炸范围 (体积分数)/％
16.6	117.9	321.5	0.579	1.05	1.22	4.0～17

乙酸蒸气对人体的黏膜有刺激，特别是对眼睛、呼吸道黏膜有强烈刺激，30％以上的浓乙酸会引起皮肤烧伤，属于有毒品。卫生允许最高浓度是 $5mg/m^3$。乙酸的羧基氢原子能够部分电离变为氢离子（质子）而释放出来，因此具有酸性。乙酸在水溶液中是一元弱酸，酸度系数为 4.8。乙酸的酸性使它还可以与碳酸钠、氢氧化铜、苯酚钠等反应。

2. 乙酸的用途

乙酸是一种重要的有机化工原料，工业中，乙酸的最大用途是生产乙酸乙烯酯，例如，木材用胶黏剂中的聚乙酸乙烯酯，其次是用于生产乙酸纤维素、乙酐、乙酸酯，例如，制造香烟滤嘴所需要的乙酸纤维。在家庭中，乙酸稀溶液常被用作除垢剂。在食品添加剂中，乙酸是一种酸度调节剂。此外，纺织、涂料、医药、农药、照相试剂、染料、化妆品、皮革等行业的生产也都离不开乙酸。乙酸的具体用途参见图 3-1。

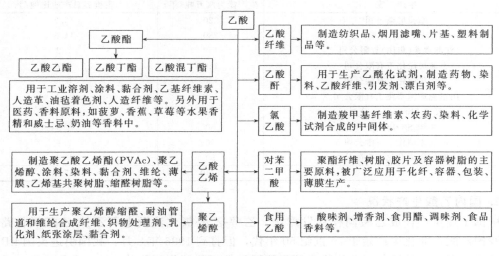

图 3-1　乙酸的用途

二、乙酸的生产状况

1. 国外乙酸生产状况

早在公元前 3000 年，人类已经能够用酒经过各种乙酸菌氧化发酵制醋。19 世纪后期，人们发现从木材干馏制木炭的副产馏出液中可以回收乙酸，成为乙酸的另一重要来源。但这两种方法原料来源有限，都需要脱除大量水分和许多杂质，浓缩提纯费用甚高。随着 20 世纪有机化学工业的发展，诞生了化学合成乙酸的工业。乙醛易氧化生成乙酸，收率很高，成为最早的合成乙酸的有效方法。1911 年，德国建成了第一套乙醛氧化合成乙酸的工业装置并迅速推广到其他国家。第二次世界大战后石油化工的兴起发展了烃类直接氧化生产乙酸的新路线，但氧化产物组分复杂，分离费用昂贵，因此 1957～1959 年德国 Wacher Chemie 和 Hoechst 两家公司联合开发了乙烯直接氧化制乙醛法，此后乙烯—乙醛—乙酸路线迅速发展为主要的乙酸生产方法。1960 年德国 BASF 公司开发的以甲醇为原料、钴为催化剂的高压、高温甲醇羰基化合成乙酸的工艺实现工业化，70 年代石油价格上升，以廉价易得、原料资源不受限制的甲醇为原料的羰基化路线开始与乙烯路线竞争。1971 年，美国 Monsanto 公司的甲醇低压羰基化制乙酸工厂投产成功。甲醇羰基化制乙酸工艺由于经济上的优势，现已取代乙烯路线而占据领先地位。

近年来，世界乙酸生产能力稳步增长，2008 年世界总生产能力为 1202 万吨/年，2013 年增加到 1913 万吨/年，生产能力主要集中在北美和亚洲地区，其中北美地区的生产能力为 316 万吨/年，约占世界总生产能力的 16.50%；亚洲地区的生产能力为 1390 万吨/年，约占 72.67%。中国大陆是目前世界上最大的乙酸生产国家，生产能力为 952 万吨/年，约占世界总生产能力的 49.76%；其次是美国，生产能力为 316 万吨/年，约占世界总生产能力的 16.49%。塞拉尼斯（Celanese）公司是目前世界上最大的乙酸生产厂家，生产能力为 320 万吨/年，约占世界总生产能力的 16.2%，在美国、新加坡和中国均建有生产装置；BP 化学公司是世界第二大乙酸生产厂家，生产能力为 280 万吨/年，约占世界总生产能力的 14.3%，在中国、英国、韩国、马来西亚等地都有生产装置。2015 年全球前 10 家乙酸生产企业见表 3-2。

表 3-2　2015 年全球前 10 家乙酸生产企业情况

生产厂家	生产能力/(万吨/年)	占世界总产能比例/%
塞拉尼斯公司	320	16.2
BP 化学公司	280	14.3
江苏索普(集团)有限公司	150	7.2
上海吴泾化工有限公司	140	6.7
上海华谊化工有限公司	130	6.6
山东兖矿国泰化工有限公司	100	5.2
美国 Milennium 公司	60	2.9
美国 Sterling 公司	60	2.9
河北忠信化工有限公司	50	2.6
山东华鲁恒升化工有限公司	50	2.6
合计	1340	67.2

2. 国内乙酸生产状况

中国工业生产合成乙酸同样从发酵法、乙醇-乙醛氧化法及电石乙炔-乙醛氧化路线开始，我国乙酸工业化生产始于 20 世纪 50 年代，但直到 1996 年 8 月，我国引进英国 BP 化学公司技术，在上海吴泾化工总厂投产第一套甲醇低压羰基化制乙酸装置，我国乙酸工业才开始步入发展期。1997 年，我国自行研制的第一套甲醇低压羰基化制乙酸装置在江苏索普（集团）有限公司建成投产，此后，我国乙酸工业发展迅速。近年来我国煤化工产业发展迅猛，煤化工基础产品甲醇产能迅速增加，许多甲醇企业为消化和延伸产品链，纷纷规划建设乙酸项目，从而使得乙酸产能增长迅速，2007 年我国乙酸的生产能力只有 361.0 万吨，2010 年增加到 670.0 万吨。由于生产能力出现过剩态势，因此近几年国内乙酸生产能力扩增速度减缓，只有 2014 年的长城能源化工（宁夏）有限公司的 30.0 万吨/年乙酸以及 2016 年河南龙宇煤化工有限公司的 40 万吨/年乙酸项目建成投产。截至 2017 年 10 月底，我国乙酸的实际生产能力为 865.0 万吨，是世界上最大的乙酸生产国家，江苏索普（集团）有限公司是目前我国最大的乙酸生产企业，生产能力为 140.0 万吨/年，约占总生产能力的 16.18％；其次是塞拉尼斯（南京）化工有限公司，生产能力为 120.0 万吨/年，约占总生产能力的 13.87％。

2017 年我国乙酸的主要生产厂家情况见表 3-3。

表 3-3　2017 年我国乙酸生产厂家情况

省份	生产厂家	生产能力/(万吨/年)	占总产能的比例/%
江苏省	索普(集团)	140.0	16.18
	塞拉尼斯(南京)	120.0	13.87
	BP 乙酰	50.0	5.78
上海市	上海吴泾化工	70.0	8.09
山东省	山东兖矿	100.0	11.56
	德州华鲁恒升	50.0	5.78
河北省	河北英部气化	50.0	5.78
天津省	天津碱厂	25.0	2.89
陕西省	延长石油	30.0	3.47
河南省	河南顺达	45.0	5.20
	河南义马气化厂	20.0	2.31
	河南永城龙宇煤化	40.0	4.62
重庆市	扬子江乙酰	45.0	5.20
安徽省	安徽无为化工	50.0	5.78
宁夏回族自治区	长城能源化工	30.0	3.47
合计		865.0	99.98

三、乙酸的生产路线

目前国内外乙酸工业生产乙酸的原料有很多种，基本原料有乙醛、甲醇、一氧化碳、裂解轻汽油以及农副产品等。工艺主要有甲醇羰基化法、乙醛氧化法、丁烷（轻油）液相氧化法、粮食发酵法等。

1. 乙醛氧化法

20 世纪 50 年代以前，氧化法以乙炔为基本原料，由乙炔水合成乙醛，然后氧化生成乙酸，这条路线的基础是煤和天然气，原料成本相对较高。20 世纪 60 年代以来，以乙烯为原料，乙烯氧化为乙醛，乙醛氧化生成乙酸发展为主要的生产路线，此路线以石油为基础原料，原料成本较低。乙醛氧化法生产乙酸，以重金属乙酸盐为催化剂，乙醛在常压或加压下与氧气或空气进行液相氧化反应生成乙酸，其主反应方程式为：

$$CH_3CHO + \frac{1}{2}O_2 \longrightarrow CH_3COOH$$

乙醛氧化法具有工艺简单、技术成熟、收率高、成本低等特点，目前，我国的乙酸生产中，此法仍占相当的比例。

2. 甲醇羰基化法

甲醇羰基化法于 20 世纪 70 年代实现工业化生产。以甲醇和一氧化碳为原料的甲醇羰基化法，分为高压法（反应压力 65～70MPa）和低压法（反应压力为 1.3～4.0MPa）两种工艺。甲醇与一氧化碳在催化剂作用下，直接合成乙酸。合成乙酸的主反应为：

$$CH_3OH + CO \longrightarrow CH_3COOH$$

该反应采用含铑化合物为主催化剂，碘化物为助催化剂，两者溶于适当的溶剂中，成为均相液体。催化剂的结构是以一氧化碳和卤素作为配位体的配合物。

此法基础原料可以是煤、石油和天然气，基础原料多样化，原料来源广，催化效率高、损耗低，转化率、选择性高（可达 99％），产品纯度高，"三废"少，工艺技术先进。虽然其装置投资超过其他的生产方法，但总的生产成本比乙醛氧化法低。

3. 丁烷（石脑油）氧化法

采用正丁烷或石脑油为原料，用空气或氧气作氧化剂在液相中进行氧化反应，反应温度为 150～225℃，压力 4～8MPa，催化剂为钴、锰、镍、铬等的乙酸盐或环烷酸盐。

其主反应为：

$$2C_4H_{10} + 5O_2 \longrightarrow 4CH_3COOH + 2H_2O$$

副产品有甲酸、丙酮等，美国 Celanese 公司于 1952 年建成第一套丁烷液相氧化法制乙酸装置。与其他方法相比，该工艺流程复杂，副产品多，乙酸收率低，腐蚀性大。国外只有个别老装置在维持运行，国内尚无此工艺生产装置。

4. 粮食发酵法

粮食发酵法源于食用醋发酵，是以淀粉为原料采用乙酸菌发酵生产乙酸的方法。由于该法以可再生资源——粮食为原料，通过生物发酵的方法生产乙酸，符合绿色化学要求，因而受到广泛重视。随着现代生物化工技术的发展，粮食发酵法生产乙酸的成本不断降低，由粮食生产乙酸将成为可能。

目前，乙酸工业生产方法中，国内外各种生产方法比例是乙醛氧化法 28％，丁烷（轻油）氧化法 8％，甲醇羰基化法 60％，其他方法占 4％。

5. 乙烯直接氧化法

乙烯直接氧化制乙酸的一步法气相工艺由日本昭和电工公司开发成功，并于 1997 年建成一套 10 万吨/年乙酸装置。该工艺以负载钯的催化剂为基础，反应在多管夹套反应器中进行，反应温度为 150～160℃，该法与乙醛氧化法相比，投资少，工艺简单，废水排放少。

查一查

你知道家里的食用醋的乙酸浓度是多少吗？

工作任务 2　乙醛氧化生产乙酸的生产原理

一、主、副反应

（1）主反应　以重金属乙酸盐为催化剂，乙醛在常压或加压下与氧气或空气进行液相氧化反应生成乙酸的主反应方程式为：

$$CH_3CHO + 1/2O_2 \longrightarrow CH_3COOH$$

（2）副反应　在主反应进行的同时，还伴随有以下主要副反应：

$$CH_3CHO + O_2 \longrightarrow CH_3COOOH（过氧乙酸）$$
$$CH_3COOH \longrightarrow CH_3OH + CO_2$$
$$CH_3OH + O_2 \longrightarrow HCOOH + H_2O$$
$$CH_3COOH + CH_3OH \longrightarrow CH_3COOHCH_3 + H_2O$$
$$3CH_3CHO + O_2 \longrightarrow CH_3CH(OCOCH_3)_2 + H_2O$$
$$CH_3CH(OCOCH_3)_2 \longrightarrow (CH_3CO)_2O + CH_3CHO$$

所以，主要副产物有二乙酸亚乙酯、乙酸甲酯、甲酸、二氧化碳和水等。

乙醛氧化制乙酸可以在气相或液相中进行，且气相氧化更容易进行。但是，由于乙醛的爆炸极限范围宽，生产不安全，而且乙醛氧化是强放热反应，气相氧化不能保证反应热的均匀移出，会使副反应增多，工业生产中大都采用液相氧化法。

二、催化剂

乙醛氧化生产乙酸的反应机理比较复杂，人们的认识不完全统一，一般都认为是自由基链式反应。自由基链式反应理论认为，乙醛氧化反应存在诱导期，在诱导期时，乙醛以很慢的速率吸收氧气，从而生成过氧乙酸。过氧乙酸可使催化剂乙酸盐中的二价锰离子氧化为三价锰离子。三价锰离子存在于溶液中，可引发原料乙醛产生自由基。这也是生产中必须有催化剂存在反应才能顺利进行的原因之一。

乙醛氧化首先生成的是过氧乙酸。过氧乙酸是一种不稳定的具有爆炸性的化合物，在 $90 \sim 110℃$ 下能发生爆炸。当过氧乙酸积累过多时，即使在低温下也能发生爆炸性分解。所以作为乙醛氧化生产乙酸的催化剂，应既能加速过氧乙酸的生成，又能促使其迅速分解，使反应系统中过氧乙酸的浓度维持在最低限度。因为乙醛氧化生产乙酸的反应是在液相中进行的，因而催化剂应能充分溶解于氧化液（后面将会介绍）中。实践证明，可变价金属（如锰、镍、钴、铜、铁）的乙酸盐或它们的混合物均可作为乙醛氧化法生产的催化剂。

研究发现，对于乙醛氧化生产乙酸，各种可变价金属盐的催化活性高低为：$Co > Ni > Mn > Fe$。乙酸钴活性最高，它可以加速过氧乙酸的生成，但它不能使过氧乙酸迅速分解，会造成过氧乙酸在反应系统中积累，引起爆炸。乙酸锰不仅能加速过氧乙酸生成，而且能保证过氧乙酸生成与分解速率基本相同，其乙酸收率也远远高于其他金属的催化剂。所以，工业上采用乙酸锰作为催化剂，有时也可适量加入其他金属的乙酸盐。乙酸锰的用量约为原料乙醛量的 $0.1\% \sim 0.3\%$（质量比）。

查一查

查询乙酸生产的其他方法的生产原理和催化剂，并分析主、副反应和生产的主要特点。

工作任务3　乙醛氧化生产乙酸的工艺条件

乙醛氧化生产乙酸的过程是一个气液非均相反应，可分为两个基本过程：

① 氧气扩散到乙醛的乙酸溶液界面，继而被溶液吸收的传质过程；

② 在催化剂作用下，乙醛转化为乙酸的化学反应过程。

我们将从上面两个方面探讨工艺参数的影响。

一、氧气的吸收与扩散过程的影响因素

1. 氧气的通入速率

氧气通入速率越快，气液接触面积越大，氧气的吸收率越高，生产能力增大，但是，当氧气通入速率超过一定值后，会把大量的乙醛与乙酸液带出，氧气的吸收率反而会降低，而且会引起尾气中氧的浓度增加，是生产的不安全因素。所以，氧气的通入速率受到经济性和安全性的制约，存在一适宜值。

2. 氧气分布板的孔径

乙醛氧化生产乙酸是放热反应，生产中为了防止局部过热，采取氧气分段通入氧化塔的措施，各段氧气通入处还设有氧气分布板，以使氧气均匀分布，加快氧气的扩散和吸收。

3. 氧气通过的液柱高度

在一定的通氧速率条件下，氧气的吸收率与其通过的液柱高度成正比。液柱高，气液两相接触时间长，吸收效果好，吸收率也增加。研究发现，当液柱超过 4m 时，氧气的吸收率可达 97% 以上，液柱再增加，氧气的吸收率无明显变化。因此，在工业生产中，氧气进入反应器的进料口位置应设置在液面下 4.0m 或更深的位置处，否则氧气的吸收不充分。

二、乙醛氧化反应过程的影响因素

1. 反应温度

乙醛氧化成过氧乙酸及过氧乙酸分解的速率都随温度的升高而加快。但温度过高会使副反应加剧，加剧乙醛的挥发，使大量的乙醛进入气相区域，增加了乙醛的自燃与爆炸危险；温度过低（40℃）则会降低氧化和分解的速率，易导致过氧乙酸的积累，同样存在不安全因素。综合各种因素，最好将反应温度控制在 75～80℃，还必须及时移走反应热，并且在系统内需通入氮气保证生产安全。

2. 反应压力

乙醛氧化反应是一个气体体积减小的反应，增加反应压力有利于反应向生成乙酸的方向进行。因为乙醛氧化是气液相反应，提高反应压力，也可以促进氧气的溶解和吸收，并提高了乙醛的沸点，降低了气相中乙醛的分压，减少了乙醛的挥发。但随着压力的升高，设备投资和操作费用也会增大。实际生产中操作压力（表压）控制在 0.1～0.15MPa。

3. 原料纯度

前面提到乙醛氧化生成乙酸的反应机理是自由基链式反应。而能夺取反应链中自由基的杂质，称为阻化剂。阻化剂的存在，会使反应速率显著下降。这就要求：原料乙醛质量分数大于 99.7%；水分（阻抑反应进行的阻化剂，而水与催化剂作用生成无活性的过氧化锰水合物，使催化剂失活，故应尽量减少乙醛、乙酸锰溶液和空气中的水量）质量分数小于 0.03%；乙醛原料中三聚乙醛（可使乙醛氧化反应的诱导期增长，并易被带入成品乙酸中，影响产品质量）质量分数小于 0.01%。

4. 氧化液的组成

在一定条件下，乙醛液相氧化所得的反应液称为氧化液。其主要成分有乙酸锰、乙酸、乙醛、氧气、过氧乙酸，此外还有原料带入的水分及副反应生成的乙酸甲酯、甲酸、二氧化碳等。

氧化液中乙酸浓度和乙醛浓度的改变对氧气的吸收能力有较大影响。当氧化液中乙酸含量（质量分数）为 82%～95% 时，氧气的吸收率保持在 98% 左右，超出此范围，氧气的吸收率下降。当氧化液中乙醛含量在 5%～15% 时，氧气的吸收率也保持在 98% 左右，超出此范围，氧气的吸收率下降。从产品的分离角度考虑，一般氧化液中，乙醛含量不应超过 2%～3%。

5. 氧化剂的选择

空气或氧气均可作为乙醛氧化制乙酸的氧化剂。选用空气，原料易得、安全，但空气中含有大量氮气，易在气液接触面上形成很厚的气膜，降低氧气的吸收率，同时氮气排出时，原料乙醛的夹带损失较大，使消耗定额增加。若用氧气，氧气与反应液的接触机会增加，氧气吸收效果好，并使乙醛的夹带损失减少，但易在气相发生反应而生成过氧乙酸或形成乙醛与氧气的爆炸混合物。为了防止爆炸，可以在塔顶充入惰性气体，如氮气、二氧化碳等，使尾气组成不致达到爆炸范围。用氧气氧化，气流速度较小，气液界面的搅动也小，对传质不利。一般控制氧气含量为 95% 左右，让 5% 的氮气参与搅动以求得良好的气液接触。

总结影响乙醛氧化制乙酸的影响因素有：进气（氧化剂-含氮的氧气）速度、液层高度、反应温度、原料纯度、氧化液组成、氧化剂选择。其核心是保证反应平稳安全地进行、传质完全、反应均匀（使过氧乙酸分解及时），传热顺利进行。

工作任务 4　乙醛氧化生产乙酸的典型设备

乙醛氧化生产乙酸反应为气液非均相的强放热反应，具有以下特点：
① 氧气的传递过程对氧化反应速率起着重要的作用；
② 强放热反应；
③ 介质往往具有强腐蚀性；
④ 原料中间产物或产物与空气或氧气能形成爆炸混合物。

所以，对氧化反应器相应的要求是：
① 能提供充分的相接触界面；
② 能有效移走反应热；
③ 设备材质必须耐腐蚀；
④ 确保安全防爆；
⑤ 同时流动形态要满足反应要求（全混型）。

工业上适合这类反应的反应器有两种：搅拌鼓泡釜式反应器和连续鼓泡床塔式反应器。连续鼓泡床塔式反应器结构简单，具有极高的贮液量，所以特别适宜慢反应和放热量大的反应。乙醛氧化生产乙酸的反应采用的氧化反应器为连续鼓泡床塔式反应器，简称氧化塔。按照移除热量的方式不同，有内冷却型和外冷却型两种形式，如图 3-2 所示。

1. 内冷却型氧化塔

内冷却型氧化塔结构如图 3-2(a) 所示，该类塔由多节筒体、封头和封底组成，每节装有冷却盘管，通入冷却水移出反应热，从而控制反应温度，每节筒体底部设有多孔气体分配管，氧气通过小孔吹入塔内，塔体各节筒体间装有分布板，使气体再分布均匀，乙醛及催化剂溶液从塔底进，尾气从塔顶出，塔上部为扩大段，可降低气流速率，减少雾沫夹带。氧化

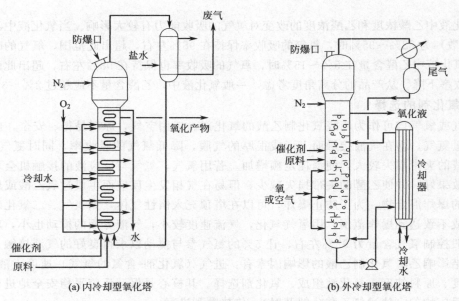

(a) 内冷却型氧化塔　　　　　　　　　　(b) 外冷却型氧化塔

图 3-2　氧化塔结构示意图

塔顶还设有氨气通入口来降低气相中乙醛和氧气的浓度来保证生产安全。内冷却型氧化塔可以分段控制冷却水和通氧量，但塔内构件多，传热面积小，生产能力受到限制。

2. 外冷却型氧化塔

外冷却型氧化塔结构如图 3-2（b）所示，该类塔为空塔，结构简单，传质效果好，塔外的冷却器为列管式换热器。乙醛及催化剂溶液从塔的上部加入，氧气由塔下部分段加入，逆向流动有助于充分接触，反应液用循环泵从塔底抽出，经冷却器冷却后返回氧化塔。氧化液由塔底抽出送入塔外冷却器冷却，移走反应热后再循环回到氧化塔，尾气由塔顶排出。塔顶也设有防爆口，通入氮气保证安全。

比较两种类型的氧化塔，内冷却型采用分节通氧，内置分布板，可保证氧气在液相中分布均匀；氧化过程的操作安全，乙酸和乙醛的夹带量少；但传热面积太小，生产能力受到限制；结构复杂，检修较为困难，设备制造成本较高。

外冷却型氧化塔，反应液的外循环不仅促进塔内液体的流动，而且有利于传热、保持液相温度均匀，提高氧气的吸收率；其结构简单，制造成本较低，检修很方便。生产中多采用外冷却型氧化塔。为使氧化塔耐腐蚀，减少因腐蚀引起的停车检修次数，乙醛氧化塔要选用含镍、铬、钼、钛的不锈钢制造。

工作任务 5　乙醛氧化生产乙酸的工艺流程

乙醛氧化生产乙酸的工艺流程如图 3-3 所示，该流程采用了两个外冷却型氧化塔串联的生产工艺。

在第一氧化塔 1 中盛有质量分数为 0.1%～0.3% 乙酸锰的浓乙酸，乙醛与催化剂全部进入第一氧化塔，第二氧化塔不再补充。乙醛和氧气按配比流量通入第一氧化塔，氧气分两

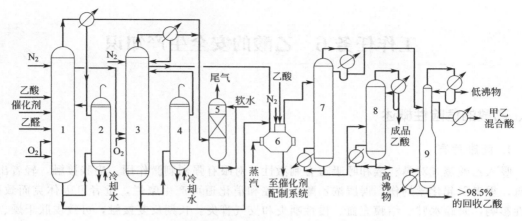

图 3-3 外冷却型乙醛氧化生产乙酸工艺流程图

1—第一氧化塔；2—第一氧化塔冷却器；3—第二氧化塔；4—第二氧化塔冷却器；
5—尾气吸收塔；6—蒸发器；7—脱低沸物塔；8—脱高沸物塔；9—脱水塔

段加入。塔中部控制温度在 75℃左右，塔顶压力为 0.15～0.2MPa。氧化液由循环泵从塔底抽出进入第一氧化塔冷却器 2，以水带走反应热，降温至 60℃后循环返回第一氧化塔 1，循环比（循环量：出料量）约为（110～140）：1，出第一氧化塔的氧化液中乙酸浓度在 92%～95%。由塔间压差送到第二氧化塔 3，该塔盛有适量乙酸，塔顶压力为 0.08～0.1MPa，液位达到一定高度后，通入氧气进一步氧化其中的乙醛，底部氧化液由泵强制循环，送入第二氧化塔冷却器 4 进行热交换。物料在两塔中停留时间共计 5～7h。第二氧化塔 3 塔顶压力 0.1MPa（表压），塔中最高温度约 85℃，出第二氧化塔的氧化液中乙酸含量为 97%～98%。

两个氧化塔上部都需要通入氮气稀释尾气，以防止气相达到爆炸极限。尾气冷却分液后进入尾气洗涤塔，吸收不凝气中残余乙醛及乙酸，然后放空。

从第二氧化塔溢流出的氧化液进入蒸发器 6，蒸发器上部装有四块大孔筛板。用回收的乙酸喷淋，减少蒸发气体中夹带催化剂和胶状聚合物等，以免堵塞管道和蒸馏塔塔板。乙酸锰和聚合物等不挥发物质留在蒸发器底部，排入催化剂配制系统，经分离，催化剂可循环使用。而乙酸、水、乙酸甲酯、醛等易挥发的液体，加热汽化后进入脱低沸物塔 7。

由蒸发器顶部来的蒸汽进入脱低沸物塔，分离除去沸点低于乙酸的物质，如未反应的少量乙醛以及副产物乙酸甲酯、甲酸、水等，这些物质从塔顶蒸出。脱除低沸物后的乙酸从塔底利用压差进入脱高沸物塔 8，塔顶得到纯度高于 99% 的成品乙酸，塔釜为含有二乙酸亚乙酯、少量催化剂及乙酸的混合物。此混合物送至回收塔，脱除乙酸锰及部分杂质，蒸馏分离可得到乙酸含量大于 98.5% 的半成品，作为配置催化剂或蒸发器喷淋乙酸。脱低沸物塔塔顶分出的低沸物由脱水塔回收，塔顶分离出含量 3.5% 左右的稀乙酸废水（含少量醛类、乙酸甲酯、甲酸和水等），经过处理后排放；塔中部抽出含水的甲乙混合酸；塔釜为含量大于 98.5% 的回收乙酸，用作蒸发器的喷淋乙酸。

查一查

查一查工业生产乙酸的其他典型流程的组织与实施过程，比如：甲醇羰基化法生产乙酸、乙烯直接氧化法等。

工作任务 6　乙酸的安全生产知识

一、乙酸的危险性概述

1. 健康危害

吸入乙酸蒸气对鼻、喉和呼吸道有刺激性。对眼有强烈刺激作用。皮肤接触,轻者出现红斑,重者引起化学灼伤。误服浓乙酸,口腔和消化道可产生糜烂,重者可因休克而致死。慢性影响:眼睑水肿、结膜充血、慢性咽炎和支气管炎。长期反复接触,可致皮肤干燥、脱脂和皮炎。

2. 燃爆危险

乙酸易燃,其蒸气与空气能形成爆炸性气体,乙酸气体与氧化剂、火种接触有燃烧的危险。

二、乙酸的急救措施

1. 皮肤接触

立即脱去污染的衣着,用大量流动清水冲洗至少15min。就医。

2. 眼睛接触

立即提起眼睑,用大量流动清水或生理盐水彻底冲洗至少15min。就医。

3. 吸入

迅速脱离现场至空气新鲜处。保持呼吸道通畅。如呼吸困难,给氧。如呼吸停止,立即进行人工呼吸。就医。

4. 食入

用水漱口,就医。

三、乙酸的消防措施

1. 危险特性

乙酸易燃,其蒸气与空气可形成爆炸性混合物,遇明火、高热能引起燃烧爆炸。与铬酸、过氧化钠、硝酸或其他氧化剂接触,有爆炸危险。有害燃烧产物有一氧化碳和二氧化碳。

2. 灭火方法

用水喷射逸出液体,使其稀释成不燃性混合物,并用雾状水保护消防人员。灭火剂可使用雾状水、抗溶性泡沫、干粉、二氧化碳。

四、乙酸的操作与贮存

1. 操作注意事项

密闭操作,加强通风。操作人员必须经过专门培训,严格遵守操作规程。建议操作人员佩戴自吸过滤式防毒面具（半面罩），戴化学安全防护眼镜，穿防酸碱的塑料工作服，戴橡胶耐酸碱手套。远离火种、热源，工作场所严禁吸烟。使用防爆型的通风系统和设备。防止蒸气泄漏到工作场所空气中。避免与氧化剂、碱类接触。搬运时要轻装轻卸，防止包装及容器损坏。配备相应品种和数量的消防器材及泄漏应急处理设备。倒空的容器可能残留有害物。

2. 贮存注意事项

乙酸应贮存于阴凉、通风的库房。远离火种、热源。冬季应保持库温高于16℃，以防凝固。保持容器密封。应与氧化剂、碱类分开存放，切忌混贮。采用防爆型照明、通风设施。禁止使用易产生火花的机械设备和工具。贮区应备有泄漏应急处理设备和合适的收容材料。

五、乙酸的运输

1. 包装

① 联合国危险性分类：8.1。

② 包装类别：Ⅱ。

③ 包装标志：腐蚀品。

④ 包装方法：螺纹口塑料桶（瓶）外普通纤维板箱或胶合板箱。

⑤ 海洋污染物（是/否）：否。

2. 运输注意事项

乙酸铁路运输时限使用专用不锈钢或铝制槽车装运，也可装入不锈钢制贮罐或塑料桶中装运，装运前需报有关部门批准。铁路非罐装运输时应严格按照铁道部《危险货物运输规则》中的危险货物配装表进行配装。起运时包装要完整，装载应稳妥。运输过程中要确保容器不泄漏、不倒塌、不坠落、不损坏。运输时所用的槽（罐）车应有接地链，槽内可设孔隔板以减少震荡产生静电。严禁与氧化剂、碱类、食用化学品等混装混运。公路运输时要按规定路线行驶，勿在居民区和人口稠密区停留。

查一查

请查询乙酸生产过程中的紧急情况的应急处理预案。

工作任务 7　拓展产品——乙酸乙酯

一、乙酸乙酯的产品调研

乙酸乙酯是乙酸的一种重要下游产品，是应用最广泛的脂肪酸酯之一。随着国内外市场对乙酸乙酯需求的不断提升，在保证其质量的同时，提升乙酸乙酯的产量，成为化工生产必须考虑的一个重要议题。

1. 乙酸乙酯的性质及应用

乙酸乙酯又称"醋酸乙酯"，具有水果香味，是一种无色的透明液体。分子式为

$CH_3COOC_2H_5$，是无色、有芬芳气味的液体，沸点77℃，熔点−83.6℃，密度0.901g/cm^3，溶于乙醇、氯仿、乙醚和苯等。易发生水解和皂化反应。可燃，其蒸气和空气可形成爆炸混合物。

乙酸乙酯可在香料和油漆工业中用作溶剂，是有机合成的重要原料。近年来随着办公自动化的发展，乙酸乙酯也广泛用于生产复印机用液体硝基纤维墨水；纺织工业中用作清洗剂；食品工业中用作特殊改性酒精的香味萃取剂；香料工业中是最重要的香料添加剂，可作为调香剂的重要组分之一。以外，乙酸乙酯也可用作黏合剂的溶剂、油漆的稀释剂以及药物、染料的原料。

2. 乙酸乙酯合成方法

目前，乙酸乙酯的工业生产方法主要有4种，它们分别是乙醛缩合法、乙酸/乙醇酯化法、乙酸/乙烯加成法和乙醇脱氢法。目前，我国的乙酸乙酯则主要采用传统的乙酸/乙醇酯化法进行生产。

乙酸/乙醇酯化法是以乙醇、乙酸为原料、浓硫酸为催化剂生产乙酸乙酯的生产过程。生产过程由反应和产品分离两部分组成。其生产的反应原理为：

$$CH_3COOH + C_2H_5OH \xrightarrow[\text{加热}]{\text{催化剂}} CH_3COOC_2H_5 + H_2O$$

这是一个可逆反应，有效移除反应产生的水或者加入过量的乙醇，能够提高乙酸乙酯的产率。该种工艺的反应转化率为67%。

乙酸/乙醇酯化法最大的优点是反应比较迅速，同时选择性比较好，但硫酸和乙酸高温下对设备产生非常强烈的腐蚀，限制了流程的改进，工业中必须使用昂贵的特种合金钢抵抗硫酸的腐蚀。由于硫酸带来的一系列问题，目前许多研究致力于寻求硫酸合理的替代品，涉及无机酸、无机酸盐、杂多酸、离子液体、离子交换树脂、超强固体酸、负载固体酸、沸石、分子筛等等。而其中离子交换树脂类催化剂已经得到工业化应用。

乙酸/乙醇酯化法生产乙酸乙酯的反应设备一般采用反应精馏塔（图3-4）。反应精馏将化学

图3-4 反应精馏塔现场图

反应与精馏分离过程进行集成，在进行化学反应的同时精馏分离产物，反应和精馏过程相互促进。反应精馏已在酯化、醚化、水解等化工生产中得到应用，而且越来越显示其优越性。反应和精馏同时进行，可有效利用反应热用于产物中轻组分的汽化，从而减少再沸器的负荷，达到节能的目的。由于反应器和精馏塔耦合成为一个设备，也大幅度降低了设备投资。

二、酯化部分的工艺条件

1. 回流比对乙醇转化率的影响

由图3-5可知，回流比对乙醇转化率影响较大，且乙醇转化率随回流比的增大先增大后减小。原因是随着回流比的增大，反应精馏塔分离效果提高，且液相流量增加，有利于正反应的进行，乙醇转化率增大；当回流比增加到一定值后，由于加热功率不变，所以塔顶采出量减少，使得更多的水和乙酸乙酯回流到反应段，不利于正反应的进行，乙醇转化率下降。

2. 酸醇进料摩尔比对乙醇转化率的影响

乙酸和乙醇在固体酸催化剂作用下生成乙酸乙酯和水，该反应为可逆反应。为了提高酯的产量，必须尽量使反应向有利于生成酯的方向进行。一般是使反应物酸和醇中的一种过量。

在工业生产中，究竟使哪种过量为好，一般视原料是否易得、价格是否便宜以及是否容易回收等具体情况而定。考虑成本采用乙醇过量，一般酸醇摩尔比是 4：3。但是当乙醇过量时，由于反应产物和未反应的乙醇之间形成多种二元和三元共沸物，且共沸物的沸点差多小于 2℃，加大了塔顶产物分离难度和原料的浪费。因此在反应进料过程中，也可通过乙酸过量的方式使乙醇尽可能反应。同时，从塔底采出的过量乙酸，可进一步分离回收使用。由图 3-6 可知，乙醇转化率随酸醇进料摩尔比的增大先增大后减小。这是因为乙酸过量会产生更多的乙酸羰基活化中心，有利于反应的进行；但随着酸醇进料摩尔比的继续增加，乙醇浓度降低，不利于正反应进行，乙醇转化率下降。

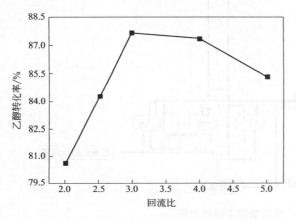

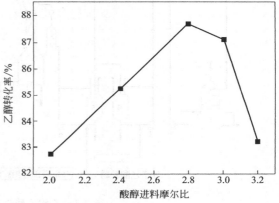

图 3-5　回流比对乙醇转化率的影响　　　图 3-6　酸醇进料摩尔比对乙醇转化率的影响

三、乙酸乙酯的工艺流程组织

反应工段以反应段、精馏系统为主体，配套有原料罐、提馏段、反应段、精馏段、轻相罐、重相罐等设备；产品分离工段以萃取精馏（筛板塔）分离乙酸乙酯和萃取剂分离提纯（填料塔）为主体，配套有冷凝器、产品罐、残液灌等设备，如图 3-7 所示。

原料乙酸和乙醇按比例分别加入乙酸原料罐 4、乙醇原料罐 5 后，分别由预热器 7、8 预热到 70℃，再由泵 3、6 送入反应精馏塔 10 内，在塔的中间段装入催化剂，塔釜提供热量，保持温度 90～92℃进行气液相酯化反应。生成的气相物料，先经精馏段，再进入塔顶冷凝器 11 冷凝，然后进入油水分离器 12 粗分，再进入轻相缓冲罐 13 回流至反应塔，反应一定时间后，将反应产物粗乙酸乙酯出料由泵 21 送进 3#塔进行乙酸乙酯萃取精馏。萃取剂为乙二醇，塔顶得到高浓度的乙酸乙酯，3#塔塔釜的乙二醇由泵打入 4#塔，进行精馏，塔釜得到乙二醇，塔顶得到乙醇。精馏塔出料的一部分进入产品罐，从塔釜出来的残液乙二醇，用泵送至 3#塔循环使用或排放。

高浓度的乙酸具有腐蚀性，会导致皮肤烧伤、眼睛失明以及黏膜发炎，操作时应穿戴好护目镜、防毒面具、耐酸工作服和丁腈橡胶手套。

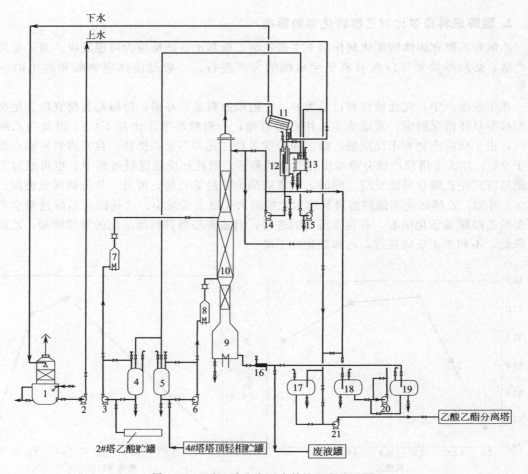

图 3-7　乙酸乙酯生产反应精馏工段流程图

1—凉水塔；2—水循环泵；3—乙酸原料泵；4—乙酸原料罐；5—乙醇原料罐；6—乙醇原料泵；7—乙酸预热器；
8—乙醇预热器；9—1#塔再沸器；10—反应精馏塔；11—塔顶冷凝器；12—油水分离器；13—轻相缓冲罐；
14—塔顶回流泵；15—塔顶产品泵；16—塔釜残液冷却器；17—轻相贮罐；18—塔顶乙醇贮罐；19—1#塔残
液罐；20—2#塔进料泵；21—3#塔进料泵。

注：1#塔为反应精馏塔；2#塔为乙醇分离塔；3#塔为乙酸乙酯分离塔，是一座筛板精馏塔；4#塔为萃取剂再生塔，为填料塔。

> **知识小站** ▶▶▶
>
> 　　传统的乙酸乙酯生产工艺是反应器加后续的分离精馏塔的模式。为获得高的转化率，反应精馏生产乙酸乙酯的工艺被提出，而反应精馏工艺采用的是多塔结构，可以消除共沸物，提高乙酸乙酯的纯度。如能够采用其他方法消除体系中形成的共沸物，就可以减少设备数量，同时使产品的纯度提高。比如，利用环氧乙烷与水的反应来消除乙酸乙酯与水在塔顶形成的共沸物，可以使产物乙酸乙酯和水不断地移出，化学平衡正向移动，生成的乙二醇是重组分由塔底排出，从而使乙酸乙酯的纯度得以提高。
>
> 　　同学们想一想还可以加入什么物质来代替环氧乙烷呢？
>
> $$\triangle\!\!\!\!/O + H_2O \longrightarrow HO\diagdown\diagup OH$$

一、选择题

1. 在乙酸生产技术中，下面哪个不是主要生产原料？（　　　）

A. 乙醛　　　　　　B. 乙烯　　　　　　C. 甲醇　　　　　　D. 乙醚

2. 乙酸的合成方法主要有（　　　）和甲醇与一氧化碳低压羰基化合成。

A. 乙醛氧化　　　　B. 乙烯氧化　　　　C. 乙烷氧化　　　　D. 乙炔氧化

3. 下列是乙醛氧化生产乙酸反应特点的有（　　　）。（多选题）

A. 氧的传递过程对氧化反应速度有重要作用

B. 强放热反应

C. 介质具有强腐蚀性

D. 原料中间产物与空气能形成爆炸性混合物

4. 乙酸乙酯的工业生产方法主要有（　　　）。（多选题）

A. 乙醛缩合法　　　　　　　　　　B. 乙酸/乙醇酯化法

C. 乙酸/乙烯加成法　　　　　　　　D. 乙醇脱氢法

二、填空题

1. 乙酸的凝固点为_____℃，冬季无水乙酸会凝固成像冰一样的固体，所以又称为_____。

2. 甲醇羰基化法于 20 世纪 70 年代实现工业化生产。以_____和_____为原料，分为_____法和_____两种工艺。

3. 乙醛氧化生产乙酸反应自由基链式反应理论的三个过程是_____、_____、_____。

4. 乙醛氧化塔按照移除热量的方式不同有两种形式，即_____型和_____型。

5. 当乙醛氧化生产乙酸反应温度低于_____℃，_____则不能及时分解，会引起集聚而发生爆炸。

三、简答题

1. 比较几种工业乙酸生产方法的优缺点。

2. 乙醛氧化法生产乙酸的原理是什么？

3. 乙醛氧化生产乙酸可分为哪两个基本过程？各自的影响因素有哪些，作出简要的分析。

4. 乙醛氧化生产乙酸对反应器有什么要求？试画出内冷却型和外冷却型氧化塔的结构示意图，并比较优缺点。

5. 乙醛氧化生产乙酸存在哪些安全问题？工业上有哪些安全措施。

项目4　丙烯腈的生产技术

学习要点：

1. 了解丙烯腈的性质、用途和生产情况；
2. 理解丙烯氨氧化法生产丙烯腈的工艺条件；
3. 了解流化床反应器的结构特点；
4. 掌握丙烯氨氧化法生产丙烯腈的生产工艺流程；
5. 了解丙烯腈生产和贮运的安全及环保问题。

工作任务 1　丙烯的产品调研

　　丙烯是总产量仅次于乙烯的一种重要石油化工基本原料，可用来生产聚丙烯、丙烯腈等衍生品。近年来，受丙烯旺盛需求的影响，增产丙烯技术得到了迅猛发展。近年来全球丙烯产能、产量稳步上升，新增装置主要集中在东北亚、北美和中东地区。

一、丙烯的性质

　　C_3 产品就是含有 3 个 C 原子的有机化合物，如丙烯、丙烷、丙酮、丙烯腈、丙烯酸等。
　　丙烯（$CH_2 = CHCH_3$）常温下为无色、无臭、稍带有甜味的气体，它稍有麻醉性。密度 $0.5139g/cm^3$，沸点 $-47.4℃$。易燃，爆炸极限为 $2\% \sim 11\%$。不溶于水，溶于有机溶剂，是一种低毒物质。

二、丙烯的来源

　　丙烯的主要来源有两个：
　　① 炼油厂催化裂化装置的炼厂气回收；
　　② 石油烃裂解制乙烯时联产所得。
　　丙烯一直大部分来自炼油厂，近年来，由于裂解装置建设较快，丙烯产量相应提高较快。和世界市场的情况一样，近年来我国丙烯的发展速度也逐渐超过了乙烯。由于乙烯裂解装置和炼厂催化裂化的丙烯产量无法满足需求，多种丙烯增产技术得到了快速发展，成为新增产能的主要推动力，甚至其生产成本成为市场定价的重要参考依据。
　　全球丙烯产能中，来自石油烃裂解工艺和炼厂催化裂化工艺的丙烯比例已从 2009 年的 92% 下降到 2016 年的 77%，其他约 23% 来自专项增产工艺：丙烷脱氢（PDH）占 9.2%，甲醇制烯烃（MTO）/甲醇制丙烯（MTP）占 8.0%，烯烃歧化占 5.7%，烯烃裂解占 0.1%。近年来在丙烯需求不断增长、原油价格大幅震荡、全球液化气贸易量增加的背景下，丙烯原料多元化的趋势越来越明显，相关工艺技术也得到持续开发，取得一定进展。

三、丙烯的用途

　　近年来丙烯下游消费领域变化不大，主要衍生物聚丙烯、环氧丙烷及丁/辛醇等的产能和产量继续增长，对于丙烯的需求量也不断增加。聚丙烯占丙烯总消费量仍在 70% 以上，对于丙烯需求的影响力度有增无减。随着下游汽车、电子、包装等行业的快速发展，未来聚丙烯的市场需求增速将略快于丙烯整体消费增长，聚丙烯消费占比将进一步增加。其他消费领域中，环氧丙烷占 7.1%，丁/辛醇占 6.3%，丙烯腈占 6.2%，丙烯酸占 3.8%，异丙苯占 3.7%，其他占 2%。其中环氧丙烷受高铁、风力发电以及其他基建项目的拉动，消费增长呈现加速趋势，未来也将是促进丙烯消费增长的主要动力。
　　① 聚丙烯是由丙烯聚合而制得的一种热塑性树脂，是常见的高分子材料之一。在建筑管材、包装材料、汽车用品、生活用品等领域有着非常广泛的用途。
　　② 丙烯腈通过丙烯氨氧化法制得，为无色有毒液体，属大宗基本有机化工产品，是三

大合成材料——合成纤维、合成橡胶、合成树脂的基本且重要的原料，在有机合成工业和人民经济生活中用途广泛。

③ 环氧丙烷可由丙烯直接氧化制得，是重要的基本有机化工合成原料，主要用于生产聚醚、丙二醇等。它也是第四代洗涤剂非离子表面活性剂、油田破乳剂、农药乳化剂等的主要原料。

④ 丁醇和辛醇可由丙烯羰基合成法合成，是合成精细化工产品的重要原料，主要用于生产增塑剂、脱水剂、消泡剂、分散剂、石油添加剂及合成香料等。

⑤ 苯酚、丙酮是丙烯与苯在三氯化铝催化剂作用下生成的异丙苯经氧化、分解后得到，丙烯酸可由丙烯氧化制得。它们可用于制造酚醛树脂、环氧树脂、锦纶纤维、杀虫剂、染料等。

工作任务 2 丙烯腈的产品调研

一、丙烯腈的性质及用途

1. 丙烯腈的性质

丙烯腈（$CH_2 = CHCN$）是一种无色易燃液体，味甜，微臭。微溶于水，（20℃）丙烯腈溶于水的质量分数为 7.35%，共沸点为 71℃；易溶于一般有机溶剂丙酮、苯、四氯化碳、乙醚和乙醇中，形成二元共沸混合物。在苯乙烯存在下，还能形成丙烯腈-苯乙烯-水三元共沸混合物。丙烯腈蒸气有毒，有刺激性，可经由呼吸道、皮肤或咽进入人体而使人体中毒；暴露于有毒的浓度下工作，早期的中毒症状为眼睛肿痛、头晕、头痛、甚至呕吐，遇此情况应立即离开工作区。工作场所内丙烯腈允许浓度为 0.002mg/L。

丙烯腈的主要物理性质见表 4-1。

表 4-1 丙烯腈的主要物理性质

相对密度(20℃)	熔点/℃	沸点/℃	临界温度/℃	临界压力/MPa	自燃点/℃	爆炸范围(体积分数)/%
0.806	−82	77.3	245.8	3.42	481	3.05%～17%(在空气中)

2. 丙烯腈的用途

丙烯腈由于分子结构带有 $C = C$ 双键及—CN 键，所以化学性质非常活泼，可以发生加成、聚合、腈基化和氰乙基化等反应。纯丙烯腈在光的作用下能自行聚合，所以在丙烯腈成品及丙烯腈生产过程中，通常要加少量阻聚剂，如对苯酚甲基醚（阻聚剂 MEHQ）、对苯二酚、氯化亚铜和胺类化合物等。

丙烯腈除自聚外，还能与苯乙烯、丁二烯、氯乙烯、丙烯酰胺等当中的一种或几种发生共聚反应，丙烯腈主要用于生产聚丙烯腈纤维（腈纶）、碳纤维，还可以生产 ABS 树脂（丙烯腈-丁二烯-苯乙烯的共聚物）、丙烯酰胺、丁腈橡胶、染料、医药等下游产品。丙烯腈水解所得的丙烯酸是合成丙烯酸树脂的单体。丙烯腈电解加氢，偶联制得的己二腈，是生产尼龙 66 的原料。丙烯腈与氨反应可制得 1,3-丙二胺，该产物可用作纺织溶剂、聚氨酯溶剂和催化剂。目前国内丙烯腈供不应求，每年需大量进口来满足市场需求。

二、丙烯腈的生产状况

1. 国外丙烯腈的生产状况

2017 年全球丙烯腈总产能约为 704 万吨/年，近年来随着亚洲一些新建装置的投产，世界丙烯腈供应能力逐渐增加，预计到 2020 年世界丙烯腈的总生产能力将达到约 860 万吨/年。

2017 年，世界丙烯腈供应主要集中在亚洲远东（主要为中国、日本、韩国和印度）、北美（美国）及西欧（主要为德国、英国和荷兰）等地区，亚洲为世界最大的丙烯腈生产地。

2017 年，全球丙烯腈能力居前 5 位生产企业主要是 Ineos 公司、旭化成化学株式会社、中石化、中石油及 ASCEND（见表 4-2）。全球丙烯腈产能第一位的是 Ineos（英力士）公司，生产能力为 135.5 万吨/年，约占全球总生产能力的 19%，装置分布在美国及欧洲，为全球最大的丙烯腈供应商。生产能力第二位是旭化成化学株式会社，能力为 111 万吨/年，占全球总生产能力的 16%，装置在日本、韩国及泰国。产能第三位是中石化，为 86 万吨/年，占全球总生产能力的 12%。生产能力第四位的是中石油，为 70 万吨/年，占全球总生产能力的 10%。

表 4-2 2017 年世界主要的丙烯腈生产企业及其产能

排序	公司	总产能/(万吨/年)	排序	公司	总产能/(万吨/年)
1	Ineos(英力士原 ICI)	135.5	8	Formosa Plastics(台塑)	28
2	Asahi Kasei Chemicals (旭化成化学株式会社)	111	9	Cornerstone Chemical (原来为氰特工业公司)	24
3	中石化(包括合资公司)	86	10	CPDC	24
4	中石油	70	11	Mitsubishi Rayon(三菱丽阳)	21
5	ASCEND	59	12	江苏斯尔邦石化	26
6	Tae Kwang Industrial(韩国泰光)	29	13	其他	62
7	DSM	28.5		合计	704

2. 国内丙烯腈的生产状况

近年来国内丙烯腈行业发展较快、产能增加迅速，目前国内丙烯腈供应商主要为有中石化、中石油、江苏斯尔邦石化等，产能合计为 72 万吨/年，占目前世界产能的 27.7%，具体情况见表 4-3，预计随着在建项目的陆续投产，2020 年国内丙烯腈产能将占世界产能的 34%。

表 4-3 中国丙烯腈生产企业及产能

生产工厂	产能/(万吨/年)	运行情况	备注
中石油吉林石化	42	在运行	
中石油大庆炼化	8	在运行	
中石油大庆石化	8	在运行	中石油合计在运产能:70 万吨/年
中石油抚顺石化	9	在运行	
中石油兰州石化	3	在运行	
中石化赛科石化	52	在运行	
中石化安庆石化	21	在运行	中石化合计在运产能:86 万吨/年
山东科鲁尔(中石化合资)	13	在运行	
江苏斯尔邦石化一期	26	在运行	一期 2016 年底投产,二期
江苏斯尔邦石化二期	26	在建	预计 2019 年初投产
山东海利	13	机械竣工	
浙江石化	26	在建	预计 2019 年初投产
中海油东方石化	20	在建	预计 2020 年初投产
中石化上海石化	8	2013 年停产	均因环保问题停产
中石化齐鲁石化	13	2017 年停产	
合计产能	267	在运行装置与在建装置	

国内在建丙烯腈装置主要有：江苏斯尔邦石化二期（产能 26 万吨/年，计划 2019 年初投产）、浙江石化（产能 26 万吨/年计划 2019 年出投产）、中海油东方石化（中海油为中国海洋石油集团有限公司简称）（产能 20 万吨/年，预计 2019 年底机械竣工、2020 年投产）。合计新增丙烯腈产能达 72 万吨/年。

随着科学技术的不断发展，丙烯腈工业呈现几大发展趋势：一是以丙烷为原料的丙烯腈生产路线在逐步推广；二是新型催化剂的研究依旧是国内外学者的研究课题；三是装置规模大型化；四是节能减排、工艺优化日益重要；五是废水处理成为重要的研究内容。

三、丙烯腈的生产路线

丙烯腈于 19 世纪末被法国化学家 Moureu 首次合成，到 20 世纪 40 年代真正实现工业化生产，丙烯醛、丙烯腈、甲基丙烯酸等产品都是以丙烯、异丁烯等为原料合成的，目前均已实现了工业化大规模生产。丙烯腈生产方法有多种，在 1960 年以前主要采用如下前三种方法。

1. 环氧乙烷法

环氧乙烷法采用环氧乙烷和氢氰酸为原料。首先环氧乙烷与氢氰酸发生亲核反应开环得到氰乙酸，然后加入碳酸镁催化剂在高温条件下脱水制得丙烯腈。本工艺路线主要的优点是产品纯度较高，但缺点是原料较贵，并且氢氰酸有剧毒，因此，此工艺路线基本被淘汰，具体合成路线如下：

$$H_2C \overset{\displaystyle O}{\diagdown} CH_2 + HCN \xrightarrow[50\sim60℃]{Na_2CO_3} \underset{OH \quad CN}{CH_2-CH_2} \xrightarrow[200\sim220℃]{Mg_2CO_3} CH_2=CH-CN + H_2O$$

2. 乙炔法

乙炔法合成丙烯腈是以乙炔和氢氰酸为原料，加入氯化亚铜和氯化铵为催化剂合成丙烯腈，此方法为一步合成法，生产操作简单，但是副反应较多，产品提纯困难，此方法是 20 世纪 60 年代之前合成丙烯腈的主要工艺，目前基本被淘汰，具体反应工艺如下：

$$CH\equiv CH + HCN \xrightarrow[80\sim90℃]{CuCl_2\text{-}NH_4Cl\text{-}HCl} CH_2=CH-CN$$

3. 乙醛法

乙醛法以乙醛与氢氰酸为原料，经两步反应合成丙烯腈。由乙醛与氢氰酸反应生成乳酸腈化物，再在 600～700℃和磷酸存在的条件下脱水制得，该法制丙烯腈未实现工业化。

$$CH_3CHO + HCN \xrightarrow[10\sim20℃]{NaOH} \underset{OH}{CH_3-CH-CN} \xrightarrow[600\sim700℃]{H_3PO_4} CH_2=CH-CN + H_2O$$

以上三种方法都采用剧毒的氢氰酸作原料，生产成本高，毒性大，限制了丙烯腈的发展。

4. 丙烯氨氧化法

1959 年，美国 Sohio 公司成功开发了丙烯氨氧化一步法合成丙烯腈的新方法。丙烯氨氧化法合成丙烯腈是目前世界上应用最广泛的工艺，如今占全球丙烯腈生产工艺的 95%。本工艺采用丙烯、氨、氧气为原料，经过催化合成丙烯腈，该方法具有原料来源容易、工艺流程简单、设备投资少、产品质量高、生产成本低等许多优点，很快取代了乙炔法，迅速推动了丙烯腈生产的发展，成为世界各国生产丙烯腈的主要方法。

具体反应如下：

$$2CH_2 = CHCH_3 + 2NH_3 + 3O_2 \longrightarrow 2CH_2 = CHCN + 6H_2O$$

5. 丙烷氨氧化法

近年来，由于丙烯价格高昂，而丙烷资源丰富且价格较低，丙烷法生产丙烯腈的生产成本有望比丙烯氧化法降低约 30%，因此受到关注。丙烷、氨气、氧气在催化剂的作用下反应，一步法（①）或二步法（②③）合成丙烯腈：

$$C_3H_8 + NH_3 + 2O_2 \rightleftharpoons CH_2 = CH-CN + 4H_2O \tag{①}$$

$$C_3H_8 + 0.5O_2 \rightleftharpoons C_3H_6 + H_2O \tag{②}$$

$$C_3H_6 + 1.5O_2 + NH_3 \rightleftharpoons CH_2 = CH-CN + 3H_2O \tag{③}$$

目前，丙烯腈的科研开发的重点在开发新型的催化剂、开展以节能降耗为目标的工艺技术改造、提高工艺收率、减少"三废"、消除环境污染等方面。

> **知识小站** ▶▶▶
>
> 美国国家可再生能源实验室（NREL）的研究人员设计了一种由可再生生物质生产丙烯腈的方法，是以 3-羟基丙酸（3-HP）为原料生产丙烯腈的新型催化方法，而 3-HP 可由生物法产自蔗糖。这种生化-催化混合工艺的丙烯腈收率空前高，有可能替代常规的石化生产方法。据报道，其原理是 3-羟基丙烯酸乙酯脱水后，在廉价二氧化钛催化剂存在下，与氨反应，氰化反应的收率大于 90%。据此设计的一体化工业放大工艺模型的丙烯腈收率接近 100%（98%±2%）。仅就收率而言，这一工艺是重大进展。比较而言，传统的丙烯腈生产工艺经过 60 多年的改进和优化，收率仅达到 80%～83%。

工作任务 3　丙烯氨氧化生产丙烯腈的生产原理

一、反应原理

1. 主反应

原料丙烯、氨和空气在工业条件下，发生非均相催化氧化反应，氧化生成丙烯腈，反应方程式如下：

$$2CH_2 = CH-CH_3 + 2NH_3 + 3O_2 \longrightarrow 2CH_2 = CH-CN + 6H_2O + 519kJ/mol$$

2. 副反应

在主反应进行的同时，还伴随有以下主要副反应。

① 生成氢氰酸（HCN）。

$$CH_2 = CHCH_3 + 3NH_3 + 3O_2 \longrightarrow 3HCN(g) + 6H_2O(g) + 942kJ$$

氢氰酸的生成量约占丙烯腈质量的 1/6。

②生成乙腈（ACN）。

$$2CH_2 \!=\! CHCH_3 + 3NH_3 + 3O_2 \longrightarrow 3CH_3CN(g) + 6H_2O(g) + 363kJ$$

乙腈的生成量约占丙烯腈质量的1/7。

③ 生成丙烯醛。

$$CH_2 \!=\! CHCH_3 + O_2 \longrightarrow CH_2 \!=\! CH—CHO(g) + H_2O(g) + 353kJ$$

丙烯醛的生成量约占丙烯腈质量的1/100。

④ 生成二氧化碳。

$$2CH_2 \!=\! CHCH_3 + 9O_2 \longrightarrow 6CO_2 + 6H_2O(g) + 1921kJ$$

二氧化碳的生成量约占丙烯腈质量的1/2，它是产量最大的副产物。

除以上副产物外，还生成乙醛、丙酮、丙烯酸、丙腈的副产物，但产量很小，可忽略不计。上述副反应都是强放热反应，尤其是深度氧化反应。所以要特别注意反应器的温度控制。

副产物的生成，不仅浪费了原料，而且使产物组成复杂化，给分离和精制带来困难，并影响产品质量。为了减少副反应，提高目的产物收率，除考虑改进工艺流程和强化设备外，关键在于选择适宜的催化剂。

二、催化剂

丙烯氨氧化生产丙烯腈所采用的催化剂主要有两类，即 Mo 系和 Sb 系催化剂。下面对这两类催化剂作简单介绍。

1. Mo 系催化剂

工业上最早使用的是 P-Mo-Bi-O（C-A）催化剂，活性组分为 MoO_3 和 Bi_2O_3，Bi 的作用是夺取丙烯中的氢，Mo 的作用是往丙烯中引入氧或氨，因而是一个双功能催化剂，P 是助催化剂，起提高催化剂选择性的作用。

这种催化剂要求的反应温度较高，丙烯腈收率为 60% 左右。由于在原料气中需配入大量水蒸气，在反应温度下 Mo 和 Bi 因挥发损失严重，催化剂容易失活，而且不易再生，只在工业装置上使用了不足 10 年就被 C-21、C-41 等代替。

C-41 是七组分催化剂，可表示为 P-Mo-Bi-Fe-Co-Ni-K-O/SiO_2，Bi 是催化活性的关键组分，Fe 与 Bi 适当的配合，不仅能增加丙烯腈的收率，而且有降低乙腈生成量的作用；Ni 和 Co 的加入起抑制生成丙烯醛和乙醛的副反应的作用；K 的加入可改变催化剂表面的酸度，抑制深度氧化反应。

2. Sb 系催化剂

Sb 系催化剂在 20 世纪 60 年代中期用于工业生产，有 Sb-U-O、Sb-Sn-O 和 Sb-Fe-O等。初期使用的 Sb-U-O 催化剂活性很好，丙烯转化率和丙烯腈收率都较高，但由于具有放射性，废催化剂处理困难，使用几年后已不采用。Sb-Fe-O 催化剂由日本化学公司开发成功，据文献报道，催化剂中 Fe/Sb 比为 1∶1（摩尔比），催化剂的主体是 $FeSbO_4$，还有少量的 Sb_2O_4。工业运转结果表明，丙烯腈收率达 75% 左右，副产物乙腈生成量甚少，价格也比较便宜，添加 V、Mo、W 等可改善该催化剂的耐还原性。

由于反应是强放热反应，所以工业多用流化床反应器。丙烯氨氧化催化剂机械强度不高，受到冲击、挤压就会碎裂，为增强催化剂的机械强度和合理使用催化剂活性组分，通常需使用载体。流化床催化剂常采用耐磨性能特别好的粗孔微球形硅胶（直径约 $55\mu m$）为载体，活性组分和载体的比为 1∶1（质量比），并采用喷雾干燥成型。

查一查

乙腈与甲醇也可以反应，选择性地合成丙烯腈，它的催化剂是什么，又是如何制备的呢？请查阅相关资料并回答。

工作任务 4 丙烯氨氧化生产丙烯腈的工艺条件

一、原料纯度

① 氨要求（质量分数）：$NH_3 > 99.5\%$；水 $< 0.2\%$；油 $< 5 \times 10^{-5}$。

② 丙烯要求：原料丙烯由烃类热裂解气或催化裂化所得，可能含有 C_2、C_3、C_4 等杂质，有时还可能存在硫化物。对原料丙烯的要求见表4-4。

表 4-4 反应过程对原料丙烯的基本要求

丙烯	乙烯	丁烯及丁二烯	丙炔	丙二烯	硫
$\geqslant 95\%$	$< 0.1\%$	$< 0.1\%$	$< 1 \times 10^{-5}$	$< 5 \times 10^{-5}$	$< 1 \times 10^{-5}$

在这些杂质中，丙烷和其他烷烃（乙烷、丁烷等）对氨氧化反应也几乎没有影响；乙烯没有丙烯活泼，一般情况下少量乙烯的存在对氨氧化反应也无不利影响；丁烯及高碳烯烃化学性质比丙烯活泼，会对氨氧化反应带来不利影响，不仅消耗原料混合气中的氧气和氨气，而且生成的少量副产物会混入丙烯腈中，给分离过程增加难度；硫化物的存在则会使催化剂活性下降。因此，应严格控制原料丙烯的质量。

③ 空气要求：不作特殊要求，无炔烃，无尘粒。

二、原料配比

原料配比对产品收率、能耗及安全操作等影响较大，因此要严格控制原料配比。

1. 氨与丙烯的配比（氨比）

氨比指氨与丙烯的摩尔比，除满足氨氧化反应外，还需考虑副反应的消耗。过量氨的存在对丙烯醛的生成有明显的抑制效果，这一点可从图4-1看出。当氨比小于1∶1时，有较多的副产物丙烯醛产生，当氨比大于1后，生成的丙烯醛量很少，而丙烯腈生成量则可达到最大值。但氨不能过量太多，过量太多，丙烯腈转化率有所降低，且未反应的氨要用硫酸中和，增加了硫酸的消耗。工业上氨的用量比理论值略高，氨比在（1～1.2）∶1时最为合适。

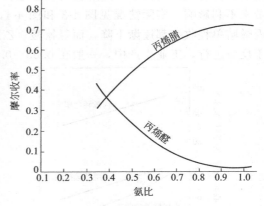

图 4-1 氨比的影响

2. 空气与丙烯的配比（氧比）

氧比指空气与丙烯的摩尔比。丙烯氨氧化以空气为氧化剂。如果空气用量过小，尾气含氧量低，可使催化剂活性降低。体系中的催化剂需在氧气存在下恢复活性。从而，空气用量过小，丙烯转化率和丙烯腈收率降低。如果空气用量过大，尾气中剩余含氧量过高，会使气相有机物燃烧氧化，随空气带入的惰性气体增多，混合气中丙烯浓度降低，生产能力也降低。一般生产中，氧比为(9.2～12)∶1。

3. 水蒸气与丙烯配比（水比）

水比指水蒸气与丙烯的摩尔比。

① 水蒸气有助于反应产物从催化剂表面解吸出来，从而抑制丙烯腈的深度氧化反应。

② 水蒸气在该反应中是一种很好的稀释剂，调节进料组成，如果不加入水蒸气，原料混合气中丙烯与空气的比例正好处在爆炸范围，加入水蒸气对保证生产安全防爆有利。

③ 水蒸气有较大的比热容，可将一部分反应热带走，便于反应温度的控制。

④ 水蒸气的存在，可以消除催化剂表面的积炭。

生产中水比一般为(3～5)∶1。

三、反应温度

反应温度影响反应速率及产物选择性，工业生产一般控制温度在450～470℃，从图4-2中可以看出反应温度低于350℃时，几乎不生成丙烯腈。但随着温度升高，丙烯腈、氢氰酸、乙腈收率同时增加，当温度超过460℃丙烯腈、氢氰酸、乙腈收率又同时下降。生产中发现，反应温度达到500℃时，有结焦、堵塞管路现象发生，而且丙烯易深度氧化。因此，实际操作中若接近或超500℃，应当采取紧急措施（如喷水蒸气或水）降温。

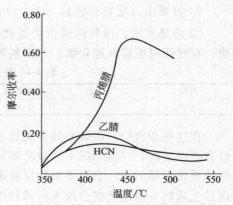

图4-2 反应温度对丙烯腈收率的影响

四、反应压力

从丙烯氨氧化生成丙烯腈的反应方程式可知，丙烯氨氧化反应是体积增大的反应，低压有利于正向反应，对生成丙烯腈有利。在实际生产中却不仅是从热力学角度考虑压力问题的。反应压力升高将使反应物质浓度增加，因而对催化剂活性有更高的要求；压力低对反应过程中气体扩散、反应器操作和设备生产能力等都会带来不利影响。实际情况见图4-3和图4-4，随着压力增大，丙烯腈选择性、丙烯转化率、丙烯腈单程收率都逐渐下降，而氢氰酸、乙腈、丙烯醛的收率则逐渐增加，因此，低压有利于反应进行，工业生产中，一般在0.05～0.07MPa下操作。

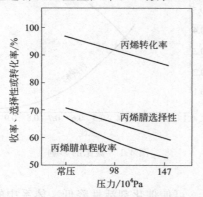

图4-3 反应压力对丙烯腈收率的影响

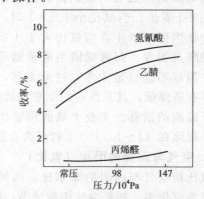

图4-4 反应压力对副产物收率的影响

五、接触时间

由图 4-5 和图 4-6 可见，增加接触时间，可以提高主产物丙烯腈的收率和副产物 CO_2 的收率，但其他副产物的收率均没有明显增长，由此可知，适当增加接触时间可以提高丙烯腈的收率，但接触时间过长，CO_2 的量会明显增加，导致丙烯腈收率降低。适宜的接触时间与催化剂的活性、选择性以及反应温度有关，对于活性高、选择性好的催化剂，接触时间可短些，一般生产上选用的接触时间为 5~10s（以原料气通过催化剂层静止高度所需的时间表示）。

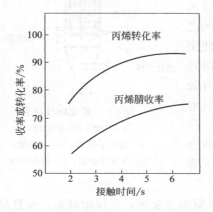

图 4-5　接触时间对丙烯腈收率的影响

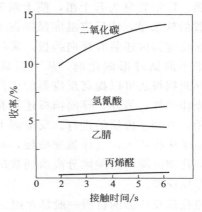

图 4-6　接触时间对副产物收率的影响

工作任务 5　丙烯氨氧化生产丙烯腈的典型设备

一、丙烯腈反应器的基本要求

丙烯氨氧化生产丙烯腈的过程是气固相强放热反应，所以对反应器的最基本要求是：①必须保证气态原料和固体催化剂之间接触良好；②能及时移走反应热以控制适宜的反应温度。

二、丙烯腈反应器的选择

丙烯腈生产常用的反应器有两种形式，固定床列管式反应器、流化床反应器。

1. 固定床列管式反应器

优点：只要催化剂装填均匀，则气固接触良好，操作方便。

缺点：传热效果较差，反应温度不均匀，生产能力较低，催化剂更换麻烦，设备结构复杂，且需大量载热体。

2. 流化床反应器

优点：气固两相接触面大，床层分布较均匀，易控制温度，操作稳定性好，生产能力大，操作安全，设备制造简单，催化剂装卸方便。

缺点：催化剂磨损较多，气体返混严重，会影响转化率和选择性。

丙烯氨氧化生产丙烯腈因固定床反应器传热效果差、生产能力低等缺点，使用厂家极少。工业中大多采用流化床反应器。

如图 4-7 所示，流化床反应器可分为三个部分：锥形体部分、反应段部分和扩大段部分。

原料气在锥形体部分进入反应器，经分布板进入反应段。反应段装填催化剂，原料气在此和催化剂接触，进行反应。为了移去反应热，在反应段设置了具有一定面积的 U 形管，管内通入蒸汽冷凝水，利用软水的汽化潜热以及将蒸汽加热为高压过热蒸汽带走的显热来移走反应热。U 形管分为若干组，便于调节，通过控制进入 U 形管的软水量，使反应温度保持在工艺要求的范围之内。在反应器内还装有导向挡板，采用导向挡板可使用颗粒很小的微球形催化剂，从而提高催化剂的使用效率；导向挡板还可以提高反应器的生产能力，且具有较好的操作弹性；另外，导向挡板还具有良好的破碎气泡的作用，有利于传质的进行。反应器上部为扩大段，在此段由于床径扩大，气体流速减慢，有利于被气体所夹带的催化剂沉降。由旋风分离器回收的催化剂通过下降管回至反应器。

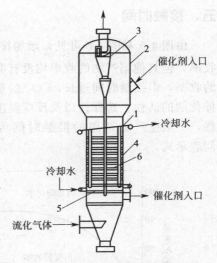

图 4-7　流化床反应器
1—壳体；2—扩大段；
3—旋风分离器；4—换热管；
5—气体分布器；6—内部构件

流化床反应器的材质一般是含钼、铋、硅的高级耐热合金钢，不仅耐高温，而且耐磨。

查一查

工业中有很多化工产品的生产也都用到了流化床反应器，你能举几个例子吗？

工作任务 6　丙烯氨氧化生产丙烯腈的工艺流程

丙烯腈装置工艺流程分为三大部分：反应部分、回收部分、分离精制部分。各国采用的流程差异较大，以下讨论用得比较多的一种流程，其流程示意图如图 4-8～图 4-10 所示。

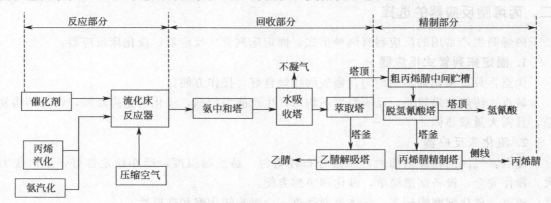

图 4-8　丙烯氨氧化生产丙烯腈工艺流程示意图

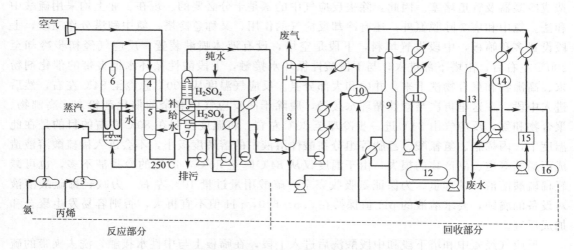

图 4-9　丙烯氨氧化生产丙烯腈反应和回收部分的工艺流程示意图

1—空气压缩机；2—氨蒸发器；3—丙烯蒸发器；4—空气预热器；5—冷却管补给水加热器；

6—流化床反应器；7—氨中和塔（急冷塔）；8—水吸收塔；9—萃取塔；10—热交换器；

11—回流沉降槽；12—粗丙烯腈中间贮槽；13—乙腈解吸塔；14—回流罐；15—过滤器；

16—粗乙腈中间贮罐

一、反应部分

原料高纯度液态丙烯和液氨，经蒸发、预热到 70℃左右，进入流化床反应器 6。空气经过滤器除去尘埃后压缩至 0.29MPa 左右，经与流化床反应器顶部出来的产物气体换热，预热到 300℃后进入反应器。各原料气的管路中都装有止逆阀，以防发生事故时，反应器中的催化剂和反应气体产生倒流。反应温度（出口）为 400～427℃，压力稍高于常压。反应器浓相段 U 形管内通入高压软水，用以控制反应温度，产生的高压过热蒸气（压力为 3.0MPa左右）用作其他设备动力和热源。反应器内的催化剂经三级旋风分离器捕集后仍回反应段参加催化反应。反应后的气体从反应器顶部出来，在进行热交换后，冷却至 150℃左右，进入后续的回收和分离工序。在开工时，需要开工炉，将空气预热到反应温度，再利用热空气将反应器加热到一定温度，待流化床运行正常、氨氧化反应顺利进行后，停开工炉，反应放出的热量足够让反应器进入工作状态。为防止催化剂床层飞温，在反应器浓相段和扩大段还装有直接蒸气（或水）接口，必要时，打开直接蒸气以降低反应器反应段的温度。

二、回收部分

工业上该工艺反应气组成（摩尔分数）如下：丙烯腈 5.85%，氢氰酸 1.73%，乙腈0.22%，丙烯醛 0.15%，CO 1.25%，CO_2 2.01%，水 24.9%，丙烯 0.19%，氨气 0.2%，氧气、氮气、丙烷 63.5%。气体组成中有易溶于水的有机物及不溶或微溶水的惰性气体，因此可以用水吸收法将它们分离。

在用水吸收之前，必须先将反应气中剩余的氨除去，因为氨使吸收水呈碱性，在碱性条件下易发生以下反应：氢氰酸、丙烯醛的聚合，聚合物会堵塞管道，使操作发生困难；氢氰酸与丙烯醛加成为丁二腈；氨和丙烯腈反应生成胺类物质，这些反应会导致丙烯腈和副产物氢氰酸的损失，降低回收率。氨能与反应气中的 CO_2 反应生成碳酸氢铵，在吸收液加热解吸时，碳酸氢铵又被分解为氨和 CO_2 而被解吸出来，再在冷凝器中重新化合成碳酸氢铵，造成冷凝器及管道堵塞。因此，除去反应气中的氨是十分必要的。现在工业上均采用硫酸中和法。氨中和塔 7 除脱氨外，还有冷却反应气的作用，又称急冷塔。氨中和塔分作三段，上段设置多孔筛板，中段设置填料，下段是空塔，设有液体喷淋装置。反应气经初步冷却至200℃左右后，由塔下部进入，与下段酸性循环水接触，下段酸性循环水把夹带的催化剂粉末、高沸物和聚合物洗下来，并中和大部分氨。反应气温度从 200℃ 急冷至 84℃ 左右，然后进入中段。在这里再次与酸性循环水接触，脱除干净反应气中剩余的催化剂粉末、高沸物、聚合物和氨，反应气由 84℃ 进一步冷却至 80℃ 左右。将温度控制在 80℃ 左右的目的是在此温度下，丙烯腈、氢氰酸、乙腈等组分在酸性溶液中的溶解度极小，不会进入稀硫酸溶液造成丙烯腈等主、副产物的损失。由于温度仅从 84℃ 降至 80℃，产生的冷凝液不多，也可减轻稀硫酸溶液的处理量。为保证氨吸收完全，硫酸用量过量 10% 左右。为减轻稀硫酸溶液对设备的腐蚀，要求溶液的 pH 值保持在 5.5～6.0，pH 值不宜再大，否则容易发生聚合和加成反应。

反应气经氨中和塔下段和中段酸洗后进入上段，在筛板上与中性水接触，洗去夹带的硫酸溶液残沫，温度冷却至 40℃ 左右。

反应气从氨中和塔顶部出来，进入水吸收塔下部。利用反应器中丙烯腈、氢氰酸和乙腈等产物与其他气体在水中溶解度相差较大的特性，用水作为吸收剂，使产物和副产物与其他气体分离。反应气从塔釜进入，冷却水由塔上部加入，逆流接触，提高吸收率。产物丙烯腈，副产物乙腈、氢氰酸、丙烯醛及丙酮等溶于水中，其他气体从塔顶排出。该塔在操作时要注意，由于 35℃ 下，氢氰酸和乙腈能全溶于水，而丙烯腈在水中的溶解度约为 7.70%（质量分数），因此要求有足够多的吸收水，将丙烯腈完全吸收下来，但吸收水过多，会稀释丙烯腈，给后续工序增加负荷，还会增加含氰废水量。因此，工业生产中，水吸收液中丙烯腈的浓度一般控制在 2%～5%。

接下来，我们要解决吸收液中主副产物的分离问题。从水吸收塔塔釜排出的吸收液中含有丙烯腈（沸点为 77.3℃）和副产物乙腈（沸点为 81.6℃）、氢氰酸（沸点为 25.7℃）、丙烯醛（沸点为 52.7℃）及丙酮（沸点为 56.5℃），副产物中乙腈和丙烯腈沸点相差仅4.3℃，难于用一般精馏的方法分离，工业中，采用的是萃取精馏法，以水作为萃取剂增大它们相对挥发度，萃取剂水的用量是丙烯腈含量的 8～10 倍。

萃取塔将氢氰酸和丙烯腈从塔顶分出，经冷却冷凝后进入分相器。上层油相是粗丙烯腈，下层水相回流至萃取塔。乙腈和水留在塔釜，丙烯醛、丙酮能与氢氰酸发生加成反应生成氰醇，氰醇沸点高，也留在塔釜。塔釜的乙腈送往乙腈解吸塔 13，该塔塔顶得粗乙腈，塔侧线抽出部分水用作吸收塔的吸收剂。

三、精制部分

粗丙烯腈需要进一步分离，分离出高纯度的丙烯腈和氢氰酸，工艺流程见图 4-10。粗丙烯腈进入脱氢氰酸塔 1，由该塔塔顶可得粗氢氰酸，经氢氰酸精馏塔精制，侧线可得纯度达 99.5% 的氢氰酸。脱氢氰酸塔底部的釜液用泵打入丙烯腈精馏塔 3，塔侧线得纯度为99.5% 以上的成品丙烯腈。

在回收和精制系统中，由于丙烯腈、丙烯醛和氢氰酸等都易自聚，聚合物会堵塞塔盘、管路等，影响正常生产，故在有关设备的物料中必须加阻聚剂。丙烯腈的阻聚剂为对苯二酚类，成品中留存少量水也能起阻聚作用；氢氰酸在碱性条件下才聚合，故需加酸性阻聚剂。由于氢氰酸在气相和液相中都能聚合，所以在气相和液相中均需加阻聚剂，一般气相阻聚剂用二氧化碳，液相用乙酸等。在氢氰酸的贮槽中可加入少量磷酸作稳定剂。

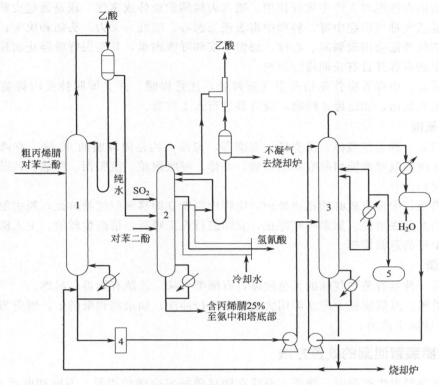

图 4-10　粗丙烯精制部分的工艺流程

1—脱氢氰酸塔；2—氢氰酸精馏塔；3—丙烯腈精馏塔；

4—过滤器；5—成品丙烯腈贮槽

> **知识小站** ►►►
>
> 　　氰醇会对本生产过程带来危害，如影响丙烯腈成品的质量，为此增加了氰醇反应器和氰醇分离器两个设备。通过适当增大萃取塔的萃取剂用量，可将氰醇从丙烯腈中分离出来，进入回收塔釜液而排除。Sohio 公司还建议加入草酸以防止氰醇在蒸馏过程中分解。

工作任务 7　丙烯腈的安全生产知识

一、丙烯腈生产的防护措施

　　丙烯腈生产主要生产特点就是易发生中毒事故、氰化物多，因此，凡进入丙烯腈合成现场、精制现场、四效蒸发泵房、成品罐区及泵房内、中间罐区及泵房内、废水罐区及泵房内、焚烧炉框架、火炬下及泵房内等有毒有害场所，必须随身携带过滤式防毒面具或隔离式防毒面具。

1. 丙烯腈

丙烯腈的毒性能对人产生致癌作用。吸入丙烯腈的液体或蒸气，或是通过皮肤吸收丙烯腈的液体或蒸气都可引起中毒。轻微中毒表现为恶心、呕吐、无力、头痛和腹泻；严重中毒者除上述症状外还会出现胸闷、心悸、恐惧不安和呼吸困难，甚至因呼吸停止而死亡。丙烯腈对水生生物有毒并且有长期持续影响。

应急措施：中毒者应首先抬至空气新鲜处，注意保暖，并立即脱掉受丙烯腈沾染的衣服，请医生来救治，如已停止呼吸，应立即进行人工呼吸。

2. 氢氰酸

氢氰酸是一种无色液体，沸点低，有剧毒，毒性大约是丙烯腈的 30 倍，有微弱的苦杏仁味。低浓度的氢氰酸能引起喉咙的疼痛、心悸、呼吸困难、流眼泪、头痛、四肢无力和眩晕，甚至死亡。

应急措施：中毒事故必须迅速处理，应将中毒者立即移到空气新鲜处，脱去氢氰酸沾染的衣服并用水彻底清洗。如果呼吸停止，立即进行人工呼吸，请医生救治。工人医疗机构应有氢氰酸中毒的急救措施。

3. 乙腈

乙腈是一种具有芳香气味的无色液体，有醚类气味。乙腈有剧毒，易燃。

应急措施：溅到皮肤上应立即用大量的水进行冲洗。如果溅到眼睛上，则应当用水冲洗 15min，并请医生诊治。

二、丙烯腈装置泄漏的处置方法

当装置物料发生泄漏时，操作人员应立即穿戴好安全防护用具，及时切断泄漏物料源，防止物料进一步泄漏，同时关闭外排管线阀门，打开出料阀门，并用塑料布和沙袋封盖对外排泄管线。联系分析人员对装置外排线末端井进行取样分析，若严重超标，利用潜水泵将外排线末端井内的污水抽入内排管内，以防止泄漏的物料流入江海，避免事故进一步恶化。

丙烯腈、氢氰酸、乙腈及装置废水发生泄漏时，除了按照以上步骤和物料泄漏预案进行处理外，要对泄漏的有毒物料加碱，使其聚合。并将泄漏的物料加水稀释，冲入内排管线。

丙烯发生泄漏时，如能及时切断的，要及时切断。不能切断的，要及时联系施工单位带压堵漏。必要时，将丙烯放至火炬烧掉。

当有毒物料发生泄漏时，要根据泄漏情况及泄漏物料的挥发特性做好下风头空气监测和人员疏散工作。

三、丙烯腈生产的防火防爆措施

为了达到防火防爆的目的，应加强火源的管理，加强对重点安全防火部分的检查、消除隐患，保证装置内防火设施的良好状态，确保生产装置的可靠性和职工生命的安全。

1. 加强巡检，以预防为主

丙烯腈生产区易发生火灾部分主要有：空压制冷→精制现场→丙烯腈中间罐区→丙烯腈成品罐区→丙烯罐区→乙腈成品罐区→乙腈（包括焚烧炉、火炬）现场→焚烧炉主控→合成现场。

检查空压机、冰机的轴振动、轴位移以及各段压力、其他设备运转情况及安全联锁状态，并检查灭火器、消火栓、火灾报警系统等是否完好。

检查输送泵运转情况及安全阀状态，水炮、洗眼器、可燃气报警系统、防雷防静电接地等安全设施是否完备。

检查丙烯罐温度、压力、罐体各阀门以及管道、安全阀，消火栓、可燃气报警系统、灭火器、水炮、水幕、水喷淋以及防静电防雷等安全设施是否完好。并且检查罐体的管线连接部位是否有问题。

检查成品罐液位、罐体各阀门以及管道、呼吸阀、泡沫发生器、水喷淋、灭火器、火灾报警系统、成品输送、泡沫站以及防静电防雷等安全设施是否完好。并且检查罐体的管线连接部位是否有问题。

2. 加强动火管理

焊接作业要注意防火、防爆工作，严格按有关规定办理动火证，对动火周围易燃易爆物应彻底清理干净。

3. 消防措施

灭火方法及灭火剂：用抗溶性泡沫、二氧化碳、干粉、砂土灭火。用水灭火可能无效。

特别危险性：生产过程中存在高度易燃液体和蒸气。丙烯腈蒸气能与空气形成爆炸性混合物，遇明火、高热能引起燃烧、爆炸。丙烯腈蒸气比空气重，能沿地面传播到相当远处，遇火源点燃并发生回燃。受热或受光照等可发生聚合，导致火灾、爆炸。可与强氧化剂、强酸、强碱发生剧烈反应，有引起火灾、爆炸的危险。燃烧或受热分解放出含有氰化氢、氮氧化物的有毒烟气。在火场中，容器有开裂和爆炸的危险。

四、丙烯腈的贮运

1. 贮存

丙烯腈因闪点很低（－1℃），故极易燃烧，且当在空气中含量处于3.05%～17%范围时会爆炸，所以生产中贮运或使用时应保持容器密闭，贮存于阴凉、通风的库房，避免接触空气和光照，远离火种热源，严禁与氧化剂、酸、碱混贮，应严格执行危险化学品管理制度。丙烯腈在强碱下易发生聚合反应，故应防止碱性物料流入含有一定浓度氢氰酸或丙烯腈的贮槽及其他设备中，避免因接触发生聚合反应并放出大量的热而发生爆炸。

2. 运输

铁路运输时应严格按照铁道部《危险货物运输规则》中的危险货物配装表进行配装。运输时运输车辆应配备相应品种和数量的消防器材及泄漏应急处理设备。夏季最好早晚运输。运输时所用的槽（罐）车应有接地链，槽内可设孔隔板以减少震荡产生静电。严禁与氧化剂、酸类、碱类、食用化学品等混装、混运。运输途中应防曝晒、雨淋，防高温。中途停留时应远离火种、热源、高温区。装运该物品的车辆排气管必须配备阻火装置，禁止使用易产生火花的机械设备和工具装卸。公路运输时要按规定路线行驶，勿在居民区和人口稠密区停留。铁路运输时要禁止溜放。严禁用木船、水泥船散装运输。

章节练习

一、选择题

1. 生产中丙烯腈与乙腈的分离采用（　　　）。

A. 普通精馏　　　　B. 恒沸精馏　　　　C. 萃取精馏　　　　D. 反应精馏

2. 通常丙烯氨氧化采用（　　　）反应器。

A. 固定床　　　　　B. 移动床　　　　　C. 鼓泡床　　　　　D. 流化床

3. 丙烯氨氧化制丙烯腈是（　　　）反应，反应温度（　　　），工业上大多采用流化床反应器。

A. 强放热　较高　　B. 微放热　较高　　C. 微吸热　较低　　D. 强吸热　较低

4. 流化床反应器中催化剂磨损（　　　），裂管式固定床反应器温度（　　　）控制。

A. 大　易　　　　　B. 小　易　　　　　C. 大　难　　　　　D. 小　难

5. 目前，工业上合成丙烯腈的主要方法是以（　　　）为原料。

A. 环氧乙烷　　　　B. 乙醛　　　　　　C. 乙炔　　　　　　D. 丙烯

二、填空题

1. 丙烯的主要来源有两个，一是＿＿＿＿＿＿＿＿＿＿＿＿＿＿，二是＿＿＿＿＿＿＿＿＿。

2. 丙烯生产丙烯腈的原料有＿＿＿＿＿＿、＿＿＿＿＿＿和＿＿＿＿＿；产量最大的副产物是＿＿＿＿＿。

3. 工业上用于丙烯氨氧化反应的催化剂主要有两大类：一类是＿＿＿＿＿；另一类是＿＿＿＿＿。

4. 丙烯生产丙烯腈时，氨比小于理论值1∶1时，有较多的副产物＿＿＿＿＿＿＿生成，氨的用量至少等于＿＿＿＿＿。

5. 丙烯腈是三大合成材料的重要单体，以丙烯腈为基本原料生产的纤维商品名叫＿＿＿，丙烯腈与丁二烯、苯乙烯共聚可生产＿＿＿＿＿＿＿，丙烯腈与丁二烯共聚可生产＿＿＿＿＿＿＿＿。

三、简答题

1. 写出丙烯氨氧化生产丙烯腈反应过程中的主副反应方程式，并分析其特点。

2. 丙烯氨氧化生产丙烯腈时加入水蒸气有何优缺点？

3. 在丙烯氨氧化生产丙烯腈时，为什么要设置氨中和塔（急冷塔）？

4. 请绘制丙烯氨氧化生产丙烯腈的反应部分流程图，指出使用的是何种反应器并说明选用原因。

项目 5　丁二烯的生产技术

学习要点：

1. 了解 C_4 馏分组成和工业应用；

2. 了解丁二烯的性质、用途和生产情况；

3. 掌握生产丁二烯的原理、工艺条件和工艺流程；

4. 理解萃取塔的结构特点；

5. 能够确定丁二烯生产路线；

6. 会分析生产中的影响因素，能进行萃取抽提的操作与控制。

工作任务 1　C₄ 的产品调研

C_4 馏分是炼油和乙烯生产过程中的副产品，收率约为 10%～20%，含有大量的正丁烷、异丁烷及正丁烯、异丁烯、丁二烯、丁炔和乙烯基乙炔等不饱和烃。

一、 C₄ 馏分的来源及利用概况

1. C₄ 馏分来源

C_4 馏分是重要的石油化工原料，是单烯烃（正丁烯、异丁烯）、二烯烃（丁二烯）和烷烃（正丁烷、异丁烷）的总称。其主要来源于石油炼制过程生产的炼厂气和烃类热裂解过程的副产物。炼厂气以催化裂化所得液态烃中的 C_4 烃为主，约占液态烃的 60%，这部分 C_4 烃组成的特点是丁烷，尤其是异丁烷含量高，不含丁二烯（或者含量甚微），2-丁烯的含量高于 1-丁烯。烃类裂解制乙烯联产的 C_4 烃，特点是烯烃（丁二烯、异丁烯，正丁烯），尤其是丁二烯含量高，烷烃的含量很低，1-丁烯的含量大于 2-丁烯。如以石脑油为裂解原料，C_4 烃的产量约为乙烯产量的 40% 左右。油田气中也含有 C_4 烃，组成基本为饱和烃，其中 C_4 烷烃约占 1%～7%。

2. 利用概况

我国 C_4 的利用一般分两种，即工业利用和馏分化工利用。

工业利用包括不经加工直接作为燃料应用的液化石油气、掺入汽油调节蒸气压、直接作燃料气使用和经化学加工生成液体燃料等多种形式。生产的燃料包括烃类和非烃类燃料，烃类如烷基化汽油、低聚叠合汽油；非烃类如叔丁醇、甲基叔丁基醚等，但利用率不高。

馏分化工是将 C_4 馏分中各主要组分进行分离、精制，然后用来做各种化工产品生产的原料。丁二烯是生产合成橡胶、合成树脂的重要单体，如可与苯乙烯共聚生产丁苯橡胶、与丙烯腈共聚生产丁腈橡胶、自聚生产顺丁橡胶、与苯乙烯和丙烯腈三元共聚生产 ABS 树脂等；异丁烯是生产丁基橡胶的主要原料，也可以生产异戊橡胶，还可以生产甲基叔丁基醚、甲基丙烯酸甲酯及叔丁醇、仲丁醇等；正丁烯近年来开始用于工程塑料（聚 1-丁烯树脂）的生产，尤其是以 1-丁烯作为线型低密度聚乙烯（LLDPE）的共聚单体，需求量越来越大，正丁烯还可以作为生产顺丁烯二酸酐的原料；丁烷主要作为工业和民用燃料，正丁烷也可用作生产顺丁烯二酸酐的原料。由于 C_4 馏分中各组分的沸点十分相近，有些组分的相对挥发度差别极小，采用简单蒸馏方法难以有效分离；还由于 C_4 馏分中各组分的凝点较接近，低温结晶分离能量消耗极为可观。

C_4 馏分由于沸点较低，常压下易汽化，使该类资源没有得到合理利用，大部分作为燃料。随着我国石油化工生产能力的不断提高，作为石油化工副产品的 C_4 资源量逐渐扩大。国外对 C_4 馏分的化工利用率高达 70% 以上，而我国 C_4 馏分的利用率较低，并且主要集中在烯烃，其余大多作为低价值的燃料。

自 2004 年西气东输管线开通以来，全国已有多个省市开始使用天然气，这就使得原来用作燃料的 C_4 馏分有一部分被天然气替代，而且，近几年有大量液化天然气进口，从高端市场对液化气产生挤压，使得液化气用作民用燃料的效益越来越小，因此，充分利用 C_4 这一副产资源，进行产品深加工，将 C_4 资源从低附加值燃料变成高附加值的化工产品迫切重要。

二、 C₄ 馏分的组成

C₄ 馏分是重要的石油化工资源，它的工业来源主要有两个：一是炼油厂催化裂化装置，二是裂解制乙烯装置。因为来源不同，所以组成也有差异（见表 5-1）。除共同含有正、异丁烯外，"炼油厂 C₄ 馏分"富含烷烃，主要是异丁烷，而"裂解 C₄ 馏分"丁二烯含量较高。

表 5-1 不同来源的 C₄ 馏分的组成

组成	炼油厂 C₄	裂解 C₄
1-丁烯,2-丁烯/%	32.8	33.9
异丁烯/%	17.4	20.3
正丁烷/%	10.4	1.4
异丁烷/%	39.0	0.5
丁二烯/%	—	43.9

由表 5-1 可知，C₄ 馏分中烯烃含量很高，其中裂解 C₄ 馏分中烯烃占 98% 左右，炼油厂催化裂化 C₄ 中烯烃占 50% 以上。C₄ 馏分中的烯烃是重要的化工原料，利用正、异丁烯可以生产多种化工产品。C₄ 烯烃的多种衍生物如甲基叔丁基醚（MTBE）、丁基橡胶、聚丁烯、丁二烯、甲乙酮等，在国内外都有相当大的需求量。

工作任务 2 丁二烯的产品调研

丁二烯在化工行业应用十分广泛，是重要的医药中间体、农药中间体，橡胶、染料等也都需要大量的丁二烯。目前，我国丁二烯的需求量正在逐年上升，因此，对丁二烯的合成工艺进行优化，提高丁二烯的产量与质量是重要课题。

一、丁二烯的性质及用途

常温常压的状态下，丁二烯为无色无味的气体，当温度降低到 -4.4℃ 时开始液化，变为液态。液态的丁二烯危险系数较高，很容易挥发，属于易燃易爆类化学品，其爆炸极限为 2%~11.5%（体积分数），在生产、运输、贮藏过程中要严格监管。丁二烯微溶于水和醇，易溶于苯、甲苯、乙醚、氯仿、四氯化碳、汽油、无水乙腈、二甲基甲酰胺、N-甲基吡咯烷酮、糠醛、二甲基亚砜等有机溶剂。丁二烯有毒，低浓度能刺激黏膜和呼吸道，高浓度能起麻醉作用。按卫生标准，空气中允许的丁二烯质量浓度为 $100\mathrm{mg/m^3}$。

由于丁二烯分子中含有共轭二烯，其化学性质活泼，很容易与氢气、氯化氢等发生亲电加成反应生成相应的饱和烃，丁二烯容易发生自身聚合反应，也容易与其他单体进行共聚作用，工业上利用这一性质生产合成橡胶、合成树脂和合成纤维等。丁二烯长时期贮存易自聚，所以需低温贮存并加入阻聚剂。

丁二烯在合成橡胶和有机合成等领域具有广泛的用途，最主要用途是用来生产合成橡胶，消耗量占丁二烯总量的 90% 以上。还可以合成丁二烯橡胶（BR）、丁苯橡胶（SBR）、丁腈橡胶（NBR）、丁苯热塑性弹性体（SBS）、丙烯腈-丁二烯-苯乙烯（ABS）树脂等多种产品，此外还可用于生产己二腈、己二胺、尼龙 66、1,4-丁二醇等有机化工产品以及用作黏结剂、汽油添加剂等。

二、丁二烯的生产技术现状

我国丁二烯的生产经历了酒精接触分解、丁烯或丁烷氧化脱氢和石脑油裂解制乙烯联产 C_4 抽提分离三个发展阶段。目前我国正在运行的丁二烯生产装置，绝大多数都是随着乙烯工业的发展而逐步配套建设起来的。1971 年中石油兰州石油化工公司利用自己开发设计的乙腈法制丁二烯技术建成我国第一套工业生产装置，生产能力为 1.25 万吨/年。随后，中石油吉林石化、燕山石化、扬子石化、上海石化、镇海炼化、大庆石化、抚顺石化、天津石化等多个丁二烯装置建成投产。2015 年，我国丁二烯的总生产能力为 391.4 万吨/年，是世界上丁二烯产量最大的国家。

工业上丁二烯的生产工艺主要分为两大类：一类是将石油裂解分离得到的 C_4 馏分进行提纯，进行蒸馏处理得到高纯度的丁二烯产品；另一类是将 C_4 馏分进行脱氢处理，即将 C_4 馏分发生消除反应等到丁二烯产品。20 世纪 60 年代之后，以石脑油为原料裂解制乙烯的技术迅速发展，在裂解制得乙烯和丙烯的同时可分离得到副产 C_4 馏分，为抽提丁二烯提供了价格低廉的原料，由于经济上占优势，因而成为目前世界上丁二烯的主要来源；而脱氢法只在一些丁烷、丁烯资源丰富的少数几个国家采用。全球乙烯副产丁二烯装置的生产能力约占总生产能力的 92%，其余 8% 来自正丁烷和正丁烯的脱氢工艺。近几年来，页岩气行业的快速发展，促使了裂解制乙烯装置原料轻质化，C_4 产量降低。来自传统的裂解制乙烯副产 C_4 抽提法的丁二烯市场供应逐步呈现短缺的趋势。为此，国内外一些企业开始关注生产丁二烯的其他工艺，如利用正丁烯或正丁烷为原料脱氢生产丁二烯的技术成为研究热点。

1. 脱氢工艺

丁烷和丁烯是最常用的两种生产丁二烯的原料，可以通过对丁烷或者丁烯进行催化脱氢处理得到丁二烯，也可以空气为氧化剂，丁烯在催化剂的作用下发生氧化反应，脱去氢原子，得到需要的丁二烯产品。氧化剂能够将氢化合成水，可以提高丁二烯的收率。

2. C_4 馏分抽提丁二烯工艺

C_4 馏分沸点相近，分离困难，一般采取萃取精馏的方式，得到需要的丁二烯产品。丁二烯抽提技术有三种：乙腈法（ACN 法）；二甲基甲酰胺法（DMF 法）；N-甲基吡咯烷酮法（NMP 法）。这三种丁二烯抽提工艺分别采用 ACN、DMF、NMP 为萃取精馏的溶剂，以增大 C_4 馏分中各组分间的相对挥发度。通过两级萃取精馏，除去 C_4 馏分中的丁烯、丁烷及 C_4 炔烃，得到粗丁二烯。再经两级普通精馏除去 C_5、丙炔等组分，最终得到聚合级丁二烯产品。

（1）乙腈法（ACN 法）　乙腈法最早由美国 Shell 公司开发成功，并于 1956 年实现工业化生产。它以含水 10% 的乙腈为溶剂，将化工生产裂解气工艺送来的 C_4 馏分，经过精馏塔，分别脱出 C_3 和 C_5 的成分，保留其中的 C_4 馏分。使其预热汽化后，进入到萃取精馏塔，由塔顶加入乙腈作为萃取剂，经过萃取精馏分离后，塔釜排出丁二烯和少量含有炔烃的乙腈溶液，进入丁二烯蒸出塔，使丁二烯通过塔顶蒸出，再经过萃取和精馏处理，最终得到丁二烯产品。

乙腈法的优点：

① 萃取精馏塔的温度较低（144℃），可防止丁二烯自聚，实现长周期运行；

② 萃取精馏塔压力较高，溶剂易分离，省去压缩机，降低了投资；

③ 乙腈黏度低，塔板效率高，实际塔板数少；

④ 在三种工艺中，溶剂密度最低，但由于溶剂比（后面将会介绍）低，设备中相应的液体流量最低。

乙腈法的缺点：

① 溶剂可分别与正丁烷、丁二烯二聚物等形成共沸物，使溶剂回收困难；

② 乙腈沸点低，易随丁二烯被带出，需要增加丁二烯水洗塔，其他两种工艺不需要；

③ 萃取精馏塔回流比大，气相负荷大；

④ 乙腈相对毒性较大（但小于二甲基甲酰胺），对人体有一定的危害，污水量大。

（2）二甲基甲酰胺法（DMF法） 二甲基甲酰胺法又名 GPB 法，由日本瑞翁公司于1965 年实现工业化生产，并建成一套生产能力为 4.5 万吨/年的生产装置。它使用二甲基甲酰胺作为溶剂，从 C_4 馏分中抽提丁二烯，工艺包括丁二烯的萃取精馏操作、烯烃的萃取精馏操作、普通的精馏和溶剂净化的工艺过程。为了减少丁二烯的损失，提高丁二烯的产量，丁二烯回收塔的塔顶排出含丁二烯多的炔烃馏分也需进行处理，以气体的状态返回丁二烯压缩机。

DMF 工艺的优点：

① 对原料 C_4 的适应性强，丁二烯含量在 $15\% \sim 60\%$ 范围内都可生产出合格的丁二烯产品；

② 溶剂沸点高，DMF 与任何 C_4 馏分都不会形成共沸物，有利于烃和溶剂的分离，丁二烯产品中不含溶剂，流程中不设水洗塔。

DMF 工艺的缺点：

① 萃取精馏塔釜温高，大大提高了丁二烯结焦的可能性；

② 为防止丁二烯自聚，萃取精馏塔需要常压操作，这必须使用压缩机，增加了投资；

③ 整个工艺按"一萃塔，一汽塔，二萃塔，二汽塔"单塔组合流程，需要设备总台数是三种工艺中最多的；

④ 无水情况下 DMF 对碳钢无腐蚀性，但在水分存在下会分解生成甲酸和二甲胺，而产生腐蚀性。

⑤ 本工艺的溶剂毒性最大，对人体危害最大，污水生化处理困难，污染环境。

（3）N-甲基吡咯烷酮法（NMP法） N-甲基吡咯烷酮法由德国 BASF 公司开发成功，并于 1968 年实现工业化生产，建成一套生产能力为 7.5 万吨/年的生产装置。N-甲基吡咯烷酮法生产丁二烯的工艺技术与二甲基甲酰胺法类似，其生产工艺主要包括萃取蒸馏、脱气和蒸馏以及溶剂再生工序。不同之处是溶剂中含有水分，使沸点降低，有效地防止了丁二烯的自聚反应的发生，因而可获得更高的丁二烯产品的收率。

NMP 工艺的优点：

① 原料范围较广，可得到高质量的丁二烯，产品纯度可达 $99.7\% \sim 99.9\%$；

② 流程集成程度最高，复杂塔的应用多，因此在三种工艺中流程最简单，设备总台数最少；

③ NMP 具有优良的选择性和溶解能力，沸点高，因而运转中溶剂损失小；

④ 溶剂毒性低，对人体危害小，污水量小，且易于生化处理。

NMP 工艺的缺点：

① 流程中的溶剂比在三种工艺中最大；

② 流程中萃取精馏塔的液体流量最大。

以上三种溶剂在工业操作条件下具有相同的选择性，都能很好地满足萃取精馏的要求。尽管工艺各有优缺点，但他们都通过各自的流程组合，利用优点回避缺点，达到了较高的技术水平和经济效益。

3. 未来的发展建议

① 加强对现有生产装置的技术改造，进一步降低能耗和物耗。加快丁二烯装置副产物的综合利用，以提高装置的整体经济效益。比如，茂名石化建成的国内首套丁二烯尾气加氢装置，将丁二烯装置的尾气和 MTBE 装置的炔烃、双烯烃、单烯烃加氢成为 C_4 烷烃，替代石脑油作为裂解原料，从而拓宽了乙烯原料的来源，降低了乙烯生产成本。

② 采用丁烯氧化脱氢生产丁二烯，由于生产成本高、工艺技术不够完善，加上原油价格持续低迷等原因，新建或者扩建这类装置应该慎重。要进一步加强技术研究开发，降低生产成本，减少催化剂的磨损和提高"三废"处理能力，提高现有装置的开工率。

③ 不断提高产品质量，降低生产成本，在满足国内需求的前提下，积极扩大出口。

工作任务 3　C_4 抽提生产丁二烯的生产原理

一、萃取精馏的目的

乙烯裂解混合 C_4 馏分的组成比较复杂，主要成分有：正丁烷、异丁烷、正丁烯、异丁烯、顺-2-丁烯、反-2-丁烯、丁二烯等，其中各 C_4 组分的沸点极为接近（见表5-2），有的还能与丁二烯形成共沸物。所以要从其中分离出高纯度的丁二烯，用普通精馏的方法是十分困难的。目前工业上广泛采用萃取、精馏相结合分离的方法得到高纯度的丁二烯。

表5-2　C_4 馏分中各组分的沸点和相对挥发度

组分	异丁烷	异丁烯	1-丁烯	丁二烯	正丁烷	反-2-丁烯	顺-2-丁烯
沸点/℃	−11.57	−6.74	−6.1	−4.24	−0.34	−0.34	3.88
相对挥发度（−51.44℃ 686kPa）	1.18	1.030	1.031	1.000	0.886	0.845	0.805

二、萃取精馏的原理

萃取精馏向被分离混合物（C_4 馏分）中加入第三组分——溶剂（萃取剂），这种溶剂应对被分离的混合物中的某一组分有较大的溶解能力，而对其他组分的溶解能力较小，结果是使易溶的组分随溶剂一起由塔釜排出，然后将溶解的组分与溶剂再进行普通的精馏，即可得到高纯度的单一组分。未被萃取下来的组分由塔顶逸出，以达到分离的目的。

三、萃取精馏的结果

采用萃取精馏法的主要是使其 C_4 馏分中各组分之间的相对挥发度差值增大，改变了难以分离的各组分间的相对挥发度（见表5-3），从而减少塔板数和回流比，并降低能量损耗。

C_4 馏分在极性溶剂作用下，各组分之间的相对挥发度和溶解度有如下规律。

其相对挥发度顺序为：丁烷＞丁烯＞丁二烯＞炔烃

其溶解度顺序为：丁烷＜丁烯＜丁二烯＜炔烃

表 5-3　50℃时 C_4 馏分在各溶剂中相对挥发度（溶剂浓度 100%）

组分	乙腈	二甲基甲酰胺	N-甲基吡咯烷酮
1-丁烯	1.92	2.17	2.38
丁二烯	1.00	1.00	1.00
正丁烷	3.13	3.43	3.66
反-2-丁烯	1.59	2.17	1.90
顺-2-丁烯	1.45	1.76	1.63

工作任务 4　C_4 抽提法生产丁二烯的工艺条件

萃取精馏塔是一个复杂的非理想体系，生产过程中影响因素多。该塔的设计与操作直接影响到整个装置的能耗和丁二烯的收率；我们主要针对乙腈法抽提丁二烯工艺中萃取精馏塔的影响因素进行分析。

一、溶剂比

溶剂比指溶剂量与 C_4 烃加料量之比，对于同一个塔来说，C_4 烃的浓度小（即溶剂浓度大）虽有利于萃取操作，但操作费用较高，相对处理能力降低；C_4 烃在塔板上浓度大，即溶剂比小，操作费用较低，处理能力大，如果 C_4 烃在塔板上浓度过大，不仅分离效率降低，也会在塔板上发泡严重，容易造成液泛，甚至在塔板上分层（液体分为两相），会破坏正常的操作。因此在萃取精馏操作过程中塔板上的 C_4 烃（或者说溶剂）必须保持一个适宜的恒定浓度。实际生产过程中塔板上 C_4 烃浓度保持在 25%～30%，溶剂比一般在 4～6 之间。

二、溶剂的物理性质

溶剂的物理性质对萃取蒸馏过程有很大的影响。溶剂的沸点低，可在较低温度下操作，降低能量损耗，但沸点低、蒸气压高的溶剂易从萃取精馏塔、解吸塔塔顶被带出，损失量多。如乙腈抽提工艺为防止溶剂损失和对产品的污染，需设 3～4 台水洗塔。溶剂黏度对萃取精馏塔塔板效率也有较大的影响，溶剂的黏度小则板效率大，泵输送效率高，有利于节能。溶剂的质量流量相同时，溶剂的密度越小，体积流量就越大，溶解 C_4 馏分的量就越多。毒性也需引起重视，三种工艺溶剂毒性大小的顺序为：DMF＞ACN＞NMP。三种溶剂的物理性质见表 5-4。

表 5-4　C_4 抽提常用三种溶剂的物理性质

指标	乙腈	二甲基甲酰胺	N-甲基吡咯烷酮
分子量	41.0	73.1	99.1
沸点/℃	81.6	152.7	202.4
20℃时的密度/(g/m³)	0.783	0.9439	1.0270
25℃时的黏度/mPa·s	0.35	0.80	1.65

三、溶剂进料温度

溶剂进料温度对一萃塔的分离效率和热负荷影响很大，因为在每一层塔板上的溶剂浓度维持在70%以上，即使溶剂进料温度微小的变化，都会使每一层塔板上"轻""重"组分含量发生变化。一般情况下，溶剂进料温度越低，丁二烯收率越高，分离效果越好。虽然温度降低会使塔釜热负荷有所增加，但和分离效果的大大改善相比，在一定范围内控制较低的溶剂进料温度还是有利的。当然，在分离指标允许的情况下，提高溶剂温度可以降低塔釜热负荷，但溶剂进料温度过高，势必要增大回流量和溶剂量，反而不经济。生产中溶剂进料温度一般控制在50～55℃（乙腈法）。

四、溶剂含水量

溶剂中加入适量的水可提高组分间的相对挥发度，使溶剂选择性大大提高。另外，含水溶剂可降低萃取剂和C_4烃混合溶液的泡点，使操作温度降低，有效地减轻丁二烯和炔烃聚合物的生成，减轻塔器、再沸器和管道的堵塞，延长装置的运转周期。但是，随着溶剂中含水量不断增加，C_4烃在溶剂中的溶解度降低。萃取剂的循环量要随之增加，这样不仅操作费用增加，而且乙腈的水解（生成乙酸和氨）加剧，对碳钢设备腐蚀加重。工业曾用含水15%～20%的乙腈作萃取剂，塔板和再沸器因腐蚀严重两三年就要更新，严重影响生产。后将乙腈中含水量降低到10%以下，约为5%～8%，使设备腐蚀大为减轻，延长了操作周期。由于二甲酰胺受热易发生水解反应，因此不易加水。

五、回流比

在一定范围内，萃取精馏与普通精馏一样，回流比增加，分离效率提高，塔顶丁二烯含量降低，丁二烯收率提高；但与普通精馏不同的是，随着回流比增加分离效率的提高明显递减，这是因为增加回流量就直接降低了每层塔板上溶剂的浓度，不利于萃取精馏操作，使分离变得困难。因此，在满足工艺指标的情况下应尽量降低回流比。

丁二烯萃取精馏塔影响因素较多，溶剂用量、溶剂的温度以及溶剂含水量的多少等等在操作过程中要综合考虑。在满足分离指标的前提下，应尽量采用较小的溶剂比和回流比，并尽量在较低的温度下操作。

工作任务5 C_4抽提法生产丁二烯的典型设备

萃取精馏工艺流程如图5-1所示。

丁二烯萃取精馏塔在C_4抽提丁二烯装置中是最为关键的设备，它在整个装置的塔类设备中直径最大、塔板数量最多、所占投资的比例最大、操作费用也大。丁二烯萃取精馏塔的特点是介质丁二烯、炔烃在高温下容易生成橡胶状的聚合物，黏结在塔板和浮阀上，使塔板的效率降低。生产实践证明，萃取精馏塔的实际塔板要到200层，丁二烯的收率才比较高；另外，由于气、液负荷流量相差大，应适当地增大萃取精馏塔的塔径、板间距和降液管面积。

某企业C_4萃取精馏装置现场图见图5-2。

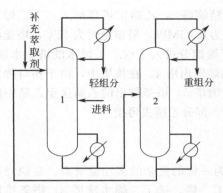

图 5-1 萃取精馏工艺流程

1—萃取精馏塔；2—溶剂回收塔

图 5-2 某企业 C_4 萃取精馏装置现场图

工作任务 6　乙腈法抽提生产丁二烯的工艺流程

乙腈法抽提生产丁二烯的工艺流程见图 5-3，全系统由 11 台塔组成，该流程采用两级萃取精馏的方法，一级是将丁烷、丁烯与丁二烯进行分离（一萃系统），二级是将丁二烯与炔烃进行分离（二萃系统）。

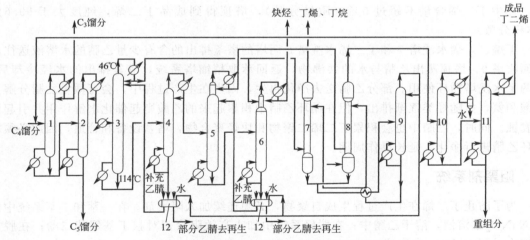

图 5-3　乙腈法抽提生产丁二烯工艺流程图

1—脱 C_3 塔；2—脱 C_5 塔；3—丁二烯萃取精馏塔；4—丁二烯蒸出塔；5—炔烃萃取精馏塔；

6—炔烃闪蒸塔；7—丁烷、丁烯水洗塔；8—丁二烯水洗塔；9—乙腈回收塔；

10—脱轻组分塔；11—脱重组分塔；12—乙腈中间贮槽

一、一萃系统

一萃系统的主要作用是从裂解 C_4 中分离出丁烷和丁烯轻馏分，以及丁二烯重组分。

由裂解气分离工序送来的混合 C_4 馏分首先送进脱 C_3 塔 1 和脱 C_5 塔 2，分别脱除 C_3 馏分和 C_5 馏分，得到精制的 C_4 馏分。

精制后的 C_4 馏分经预热、汽化后进入丁二烯萃取精馏塔 3，乙腈由塔顶加入，丁二烯萃取精馏塔分为两塔串联操作，共 210 块塔板，塔顶压力为 0.45MPa，塔顶温度为 46℃，塔釜温度为 114℃。经萃取精馏分离后，塔顶蒸出的丁烷、丁烯馏分进入丁烷、丁烯水洗塔 7 水洗，塔釜排出的含丁二烯及少量炔烃的乙腈溶液，进入丁二烯蒸出塔 4。在该塔中，由于相对挥发度的不同，塔顶蒸出的丁二烯和炔烃，送至炔烃萃取精馏塔 5，塔釜排出的乙腈送至乙腈中间贮槽口，部分乙腈返回丁二烯萃取精馏塔 3 中循环使用，部分乙腈去再生。

二、二萃系统

二萃系统是一个集萃取剂回收、萃取精馏和解析为一体的复杂的多功能塔系。在炔烃萃取精馏塔 5 中，溶剂乙腈自塔中部加入，塔顶蒸出的丁二烯，送丁二烯水洗塔 8，塔釜排出的乙腈与炔烃一起送炔烃闪蒸塔 6。炔烃闪蒸塔的作用是在接近常压下将炔烃与乙腈分离，炔烃送至水洗系统，塔釜的乙腈返回到二萃塔的下部解析段，进行彻底解析后，返回炔烃萃取精馏塔循环使用，塔顶排放的炔烃用作燃料。为防止乙烯基乙炔爆炸，炔烃闪蒸塔塔顶的炔烃馏分必须间断地或连续地用丁烷、丁烯馏分进行稀释，使乙烯基乙炔的含量低于 30%（摩尔分数）。

丁烷、丁烯水洗塔 7 采用高效填料，用水作萃取剂由塔上部加入，与丁烷、丁烯馏分逆流接触后，乙腈溶解于水中，塔顶排出丁烯、丁烷。

在丁二烯水洗塔 8 中经水洗脱除丁二烯中微量的乙腈后，塔顶的丁二烯送脱轻组分塔 10。在脱轻组分塔中，塔顶排出丙炔和少量水分，塔釜排出脱除轻组分的丁二烯，送至脱重组分塔 11，塔釜排出重组分顺-2-丁烯、1,2-丁二烯、2-丁炔、二聚物、乙腈及 C_3 等，其中丁二烯含量不超过 5%（质量分数），塔顶得到成品丁二烯，纯度大于 99.6%（体积分数）。

丁烷、丁烯水洗塔 7 和丁二烯水洗塔 8 两塔的塔釜排出的含有少量乙腈的水溶液送往乙腈回收塔 9，塔顶蒸出乙腈与水的共沸物，返回萃取精馏塔系统，塔釜排出的水经冷却后，送两个水洗塔循环使用。部分乙腈送去净化再生，因为在生产过程中，会有微量乙腈分解为乙酸和氨，氨随烃类逐渐排出，但在循环乙腈中积累起来的乙酸则起催化水解作用并引起设备腐蚀。同时，乙腈中也会积累丁二烯二聚物和炔烃聚合物，堵塞设备和管道，因此必须对循环乙腈进行净化，延长操作周期。

三、阻聚剂系统

为了防止丁二烯在生产过程生成自聚物，必须连续加入阻聚剂。在一萃和二萃系统中加入 $NaNO_2$ 水溶液，溶于乙腈中；在脱轻系统中加入高效阻聚剂对叔丁基邻苯二酚；在脱重系统中采用 $NaNO_2$ 水溶液。

> **知识小站** ▷▷▷
>
> 乙腈沸点低，操作温度低，有利于减轻丁二烯自聚，因此可在二萃塔的操作压力下解析，不需另设丁二烯压缩机。而 DMF 和 NMP 因沸点高，即使解析塔塔顶在接近常压下操作，塔釜温度也已分别高达 163℃和 148℃，必须采用压缩机压缩后才能将丁二烯物料送至下一台塔。而丁二烯压缩机的结构复杂，内部容易结焦和漏油，开、停车次数多，影响装置的运转周期，有的装置需增加一台备用压缩机，使装置投资增加。

工作任务 7 丁二烯的安全生产知识

一、丁二烯生产中危险物分析

1. 丁二烯

丁二烯在常温、常压下为无色的、有毒的、具有芳香味的气体。通常用球形贮罐在一定的压力和温度下以液态形式贮存。丁二烯具有两个碳碳双键，因此丁二烯的化学性质非常活泼，具有很强的聚合性，可以生成多种聚合物，如丁二烯的二聚物、过氧化物以及丁二烯端聚物等。丁二烯聚合物聚合后流动性变差，体积膨胀，同时会产生热量，严重时会造成设备管道的堵塞甚至爆炸。因此在生产、贮存丁二烯或介质中含有丁二烯成分的产品时，应高度重视其安全性。

2. 乙烯基乙炔

1969 年 10 月美国 UCC 所属的得克萨斯工厂丁二烯装置因乙烯基乙炔浓度超过 45％而发生严重爆炸事故，经济损失约 600 万美元。这一事故引起全世界丁二烯生产厂家的关注。乙烯基乙炔是极易分解爆炸的物质，超过一定浓度易发生分解爆炸，对此瑞翁公司提出乙烯基乙炔浓度需低于 50％，同时严禁其分压大于 0.05MPa。

3. 丁二烯二聚物

丁二烯的二聚物是两个丁二烯分子交联生成的，是一种胶黏性的、极易爆炸的、可以流动的液体，有较强的芳香味，颜色一般为淡黄色。丁二烯二聚物在它的气态和液态的状态下都可以引发爆炸，严重影响贮存、使用安全。

4. 丁二烯过氧化物

丁二烯过氧化物是一种黏性的、一般为浅黄色的、具有流动性液体，密度比丁二烯重，所以容易在贮罐底部发生沉积。同时对温度比较敏感，可发生聚合反应。丁二烯过氧化物的化学性质极不稳定，量累积到一定程度后，受热、剧烈震动或与氧化物接触时，极易发生爆炸。

5. 丁二烯端聚物

丁二烯端聚物是由丁二烯的过氧化物引发而形成的块状聚合物，一般不会附着于器壁上，如果一旦形成端聚物，就会流进系统中，并在系统的低洼处、死角处等地方发生沉积。端聚物生成后，就会成为一个"引子"，端聚物会成倍地大量生成，造成暴聚，见图 5-4。严重时会堵塞管道，造成设备的损坏。

二、丁二烯生产安全措施及贮存要求

脱除粗丁二烯中炔烃的方法是萃取精馏，可以采用丁烯、丁烷作为稀释剂，使乙烯基乙炔浓度维持在较低水平，确保装置安全运行。也可改进工艺，采用催化选择加氢工艺将炔烃转化为相应的单烯烃和二烯烃，防止乙烯基乙炔被浓缩，消除安全隐患。

为了减少丁二烯二聚物的生成，丁二烯应严格控制工艺指标，一般压力为 0.2～0.35MPa，温度≤27℃，夏季应采用装置喷淋泵对丁二烯球罐进行喷淋降温，含氧量要在 0.1％ 的指标下进行贮存，并在丁二烯物料中加入阻聚剂，要求丁二烯阻聚剂（TBC）含

图 5-4　丁二烯爆米花状聚合物在设备中

量：夏季 $100 \times 10^{-6} \sim 150 \times 10^{-6}$；冬季 $50 \times 10^{-6} \sim 150 \times 10^{-6}$，并定期进行分析。尽量减少贮存的时间，若需高液位长时间贮存，应定期对丁二烯球罐中的物料进行循环，使其中的阻聚剂分布均匀。

三、丁二烯贮罐的清理

由于丁二烯过氧化物极易分解爆炸，在清理时要十分小心，要在采取特殊安全措施后进行。首先用氮气对丁二烯罐进行置换，然后用蒸汽对球罐进行蒸煮，破坏过氧化物的化学组成，之后采用密闭碱洗方式对球罐内壁进行清洗。碱洗液采用 5% 的氢氧化钠、2% 的碳酸钠和 1.5% 的磷酸三钠。最后打开罐上下人孔，进行自然通风。经分析罐内氧含量合格后，开有限空间作业票，在有人监护的情况下，进行人工清理。清理时绝对不可用铁器在罐内铲除丁二烯过氧化物的残渣，防止爆炸着火。

工作任务 8　拓展产品——甲基叔丁基醚

一、甲基叔丁基醚的性质和用途

甲基叔丁基醚（MTBE）是一种无色、透明、易挥发液体，有毒，马达法辛烷值 101，研究法辛烷值 117。常压下沸点为 55.2℃，25℃时的密度为 735.5kg/m³。微溶于水，水中溶解度为 6.9%（体积分数）。能溶解于强酸中。

在 MTBE 分子结构中，氧原子不与氢原子直接相连，而是与碳原子相连，其分子间不能以氢键缔合，因此 MTBE 的沸点和密度低于相应的醇类；由于 MTBE 不具有线型分子结构，具有一定极性，在水中的溶解度及其对水的溶解性比烃类要大，但又远低于极性分子的醇类。另外，由于 C—O 键的键能大于 C—C 键的键能，而且 MTBE 分子中又存在着叔碳原子上的空间效应，难以使分子断键形成自由基，因而作为汽油添加剂，它具有十分良好的抗爆性能及较好的化学稳定性，在空气中不易生成过氧化物，这是一般的醚类所不具有的特点。

甲基叔丁基醚的主要用途是替代四乙基铅作为提高汽油辛烷值的添加剂，其辛烷值高、抗爆性能好，并且无污染。合成的 MTBE 很容易裂解得到高纯度的异丁烯。采用这种方法获得的异丁烯价格便宜、生产过程简单、无污染、腐蚀性小。高纯度异丁烯可作为丁基橡胶的原料。

二、生产原理

C_4 烃合成 MTBE 技术兴起于 20 世纪 70 年代，目前国际上已形成比较成熟的技术。

各国有诸多公司拥有自己的技术，每项技术虽各有特点，但基本方法相似，即利用 C_4 烃中的异丁烯与甲醇反应生产 MTBE。

1. 主、副反应

主反应方程式如下：

$$CH_3-\overset{\overset{\displaystyle CH_3}{|}}{C}=CH_2 + CH_3OH \longrightarrow CH_3-\overset{\overset{\displaystyle CH_3}{|}}{\underset{\underset{\displaystyle CH_3}{|}}{C}}-O-CH_3$$

反应是中等程度的放热反应，反应热为 37kJ/mol。

主要副产物有：二异丁烯、叔丁醇，二甲醚，所有反应都是放热反应，且其副反应均影响 MTBE 的选择性和转化率，适当的控制反应温度，控制 C_4 原料中的水分，调节合适的醇烯比，可以减少副反应的发生，提高 MTBE 的选择性。

2. 催化剂

一般来说，酸性物质均可作为合成 MTBE 的催化剂。但目前工业生产上多采用阳离子交换树脂作催化剂。我国主要采用自己研制的 S 型大孔磺酸阳离子树脂，它们都是苯乙烯与二乙烯基苯的共聚物。近年来分子筛催化剂的研制将有望广泛用于 MTBE 的生产。

三、操作条件

1. 反应温度

为了增加平衡转化率、延长催化剂的寿命、减少副反应、提高选择性，应当采用较低的反应温度。适宜温度为 50～80℃。提高反应温度，虽可提高反应速率，但二甲醚的生成量也随反应温度的提高而增加。而且反应温度超过 140℃时，催化剂将被烧坏。

2. 醇烯比

甲醇与异丁烯的摩尔比增大，可减少异丁烯二聚物和三聚物的生成，提高选择性和异丁烯的平衡转化率。故提高甲醇与异丁烯的摩尔比是有益的，但过高的醇烯比，将使反应生成物的甲醇浓度增加，从而提高了分离、回收系统的操作费用。因此，甲醇与异丁烯之比取 $(1.1～1.2)：1$ 较适宜。

3. 反应压力

反应压力必须保持物料在液相反应，一般为 0.8～1.4MPa。

4. 原料纯度

裂解 C_4 馏分经过抽提丁二烯后的剩余馏分中，异丁烯含量高达 40%～60%，能满足下游生产 1-丁烯的需要。强酸阳离子交换树脂催化剂中的 H^+ 会被金属离子所置换而使催化剂失活，因此要求金属阳离子的含量小于 1mg/kg。原料中的碱性物质会中和催化剂的磺酸根，所以也要脱除。水与异丁烯发生副反应生成叔丁醇，因此 C_4 馏分中水含量必须限制，一般为 300～500mg/kg。

四、工艺流程

工业中有的使用单台反应器生产 MTBE（见图 5-5），以含 50%（质量分数）异丁烯的 C_4 烃为原料，成品 MTBE 纯度大于 99%（质量分数）。工业中为获取更高纯度的 C_4 烃，也有的采用两段反应器，即两段反应、两段分离的工艺过程。

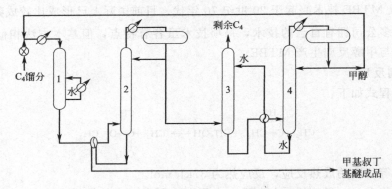

图 5-5　单台反应器生产 MTBE 流程图
1—醚化反应器；2—MTBE 提纯塔；3—萃取塔；4—甲醇回收塔

单台反应器生产 MTBE 的工艺流程如下。C_4 原料和 CH_3OH 原料经混合器混匀后进入反应器离子过滤器，除去物料中的金属阳离子等有害杂质。过滤后的物料首先与来自 MTBE 提纯塔塔底的产品 MTBE 预热到 55℃，进入醚化反应器 1，混合 C_4 中的异丁烯和甲醇在大孔径强酸性阳离子交换树脂作用下，进行醚化反应生产 MTBE。

从反应器底部出来的反应物料经换热后进入 MTBE 提纯塔 2。塔底含 MTBE 的釜液冷却到 40℃ 左右进入 MTBE 中间罐，然后泵送至成品罐区。

MTBE 提纯塔 2 塔顶气相经冷凝器冷凝，冷却到 50℃ 进入回流罐，罐内物料一部分回流，另一部分凝液进入萃取塔 3。

含甲醇的混合 C_4 由底部进入萃取塔 3，萃取剂水由塔上部进入，在鲍尔环填料上，混合 C_4 与萃取水逆流接触。萃取塔顶部的萃余 C_4 被萃取剂冷凝至 40℃ 以下进入反应器。萃取塔底部含 CH_3OH 3%～10% 的水溶液进入甲醇回收塔 4。萃取塔塔顶气相冷凝到 40℃ 进入回流罐，不凝部分由罐顶放入大气，罐内物料升压后一部分回流，一部分返回原料罐作原料循环使用。萃取塔塔釜水返回萃取塔 3 作为萃取剂。

目前比较先进的 MTBE 生产工艺是催化蒸馏工艺，一段反应器采用混相床或固定床，二段反应器和两台分离塔合并成一台催化蒸馏塔，甲醇回收采用吸附回收方法，醚化后，C_4 经过严格精馏直接生产精制丁烯，工艺流程大大缩短，产品能耗下降。目前还发展出汽油加氢与醚化同时进行的工艺。

=== 章节练习 ===

一、选择题

1. 工业上获取丁二烯的主要方法有：从烃类裂解制乙烯的联产物 C_4 馏分分离得到、由丁烷或丁烯催化脱氢法制取和（　　）氧化脱氢法制取三种。

A. 二丁烯　　　　　B. 乙烯　　　　　C. 丁烯　　　　　D. 戊烷

2. C_4 馏分抽提丁二烯一般不用（　　）。

A. 乙腈　　　　　B. 二甲基甲酰胺　　C. N-甲基吡咯烷酮　D. 丙酮

3. C_4 馏分抽提丁二烯采用（　　）方法。

A. 普通精馏　　　B. 恒沸精馏　　　C. 萃取精馏　　　D. 反应精馏

二、填空题

1. 丁二烯长期贮存易自聚，所以需低温贮存并加入＿＿＿＿＿＿。

2. 从 C_4 馏分中抽提分离丁二烯，根据溶剂的不同，常用的生产方法可分为＿＿＿＿＿＿、＿＿＿＿＿＿和＿＿＿＿＿＿。

3. 国内外丁二烯的来源主要有两种，一种是＿＿＿＿＿＿＿＿＿＿＿＿抽提得到，另一种是＿＿＿＿＿＿＿＿＿得到。

4. 甲基叔丁基醚的主要用途是＿＿＿＿＿＿＿＿。

三、判断题

1. DMF 与任何 C_4 馏分都不会形成共沸物。　　　　　　　　　　（　　）

2. 溶剂黏度大则萃取精馏塔塔板效率大。　　　　　　　　　　　　（　　）

3. 萃取精馏中回流比越大，产品质量越好。　　　　　　　　　　　（　　）

4. NMP 法工艺其产物无腐蚀性，因此装置可全部采用普通碳钢。　（　　）

5. 对于萃取精馏来说，溶剂比增大，选择性明显提高。　　　　　　（　　）

四、回答问题

1. 丁二烯的来源有哪些？

2. 试说明 ACN 法生产丁二烯的特点。

3. 简述萃取精馏的基本原理。

4. 试分析溶剂进塔温度对萃取精馏有何影响。

5. 试分析溶剂含水量对萃取精馏有何影响。

项目 6 苯乙烯的生产技术

学习要点：

1. 了解芳烃的来源和工业应用；
2. 了解苯乙烯的性质、用途和生产情况；
3. 能够确定苯乙烯的生产路线；
4. 掌握生产苯乙烯的原理、工艺条件和工艺流程；
5. 理解固定床反应器的结构特点。

工作任务 1　芳烃的产品调研

一、芳烃的地位和用途

芳烃一般是指含有苯环结构的碳氢化合物，根据苯环结构数量的不同，可分为单环芳烃、多环芳烃和稠环芳烃。作为石化行业核心产品的"三苯"——苯、甲苯、二甲苯（以下简称 BTX）就属于单环芳烃。

BTX 是重要的基础化工原料，其产量较大，仅低于乙烯、丙烯。多用于合成橡胶、树脂、纤维、洗涤剂、增塑剂、炸药、染料和农药等工业生产，在航空航天、服装纺织、交通运输、移动通信等行业中应用广泛。苯、甲苯等芳烃在经常用到的几百种有机化合物中占很大的比例，约为 30%。对二甲苯（PX）也是一种重要的有机化工原料，主要用于生产对苯二甲酸（PTA），PTA 再进一步被用于聚酯纤维（涤纶）、非纤维聚酯，如聚酯瓶片和聚酯薄膜等产品的生产。一些发达国家把 BTX 看为重要的有机化工物料，更是将 BTX 的产量看作重要指标。

C_9 及 C_{10} 等重芳烃是生产石油芳烃过程中数量可观的产品或联产品。经分离后，有些重芳烃，如偏三甲苯、均三甲苯、甲乙苯及均四甲苯等具有特定的分子结构，已成为精细化工产品的宝贵资源。在生产高温树脂、特种涂料、增塑剂、固化剂等精细化工产品中，重芳烃表现出独特的使用性能，因此被广泛应用于医药、染料、合成材料以及国防和宇航工业等尖端领域。

二、芳烃国内外生产情况

1. 世界生产情况

2016 年世界苯产能 6350 万吨/年，消费量近 5000 万吨，纯苯的生产和消费主要集中在亚洲、北美和西欧，其中亚洲和中东是世界纯苯生产发展最快的地区。亚洲是全球最大的纯苯供应地，生产能力占全球生产能力的 40% 以上，主要生产国家包括中国、韩国、日本等。预计到 2019 年，苯的产能和消费量将分别增长至 6658.7 万吨和 5098.6 万吨。

2. 国内生产情况

2017 年底，我国纯苯总产能约 1240.0 万吨/年。从国内纯苯生产格局来看，中石化产能占国内纯苯总产能的 36.9%；其次是中石油，占国内纯苯总产能的 30.1%；合资企业、私企及地方企业占到 33.0%。纯苯行业正散发超强的吸引力，吸引越来越多的中外企业。2018 年我国纯苯新增产能为 253.0 万吨/年，下游用纯苯作原料的新增产能总共为 444.5 万吨/年。目前甲苯产能也迅速扩张，2017 年底，国内甲苯产能达到 1272.3 万吨/年。邻苯是苯酐的上游原料，而且用途单一，绝大多数用于生产苯酐。2017 年，我国拥有的 15 套邻二甲苯生产装置产能为 159.7 万吨/年，中石化扬子石化的产能最大，为 26 万吨/年，是国内邻二甲苯生产龙头。

三、芳烃的来源

芳烃最初完全来源于煤焦油，进入 20 世纪 70 年代以后，全世界几乎 95% 以上的芳烃都来自石油，品质优良的石油已成为生产芳烃的主要资源。当今，催化重整油和裂解汽油馏分成为芳烃的主要来源，重整油中含有大量的芳烃类化合物；裂解汽油加氢法，即从乙烯装置的副产裂解汽油中回收芳烃。少部分芳烃来自焦化粗苯或煤焦油。

催化重整是以石脑油为原料，在催化剂的作用下，烃类分子重新排列成新分子结构的工艺过程，其主要目的为：生产高辛烷值汽油；为化纤、橡胶、塑料和精细化工提供原料。其工艺包括预处理、催化重整、芳烃抽提、芳烃精馏。催化重整装置出来的汽油馏分中含有 $50\%\sim70\%$ 的芳烃，其中苯约为 $5\%\sim15\%$，随着环保需要，从 2017 年 1 月起国家标准规定汽油中芳烃分数不大于 35%（体积分数）、苯含量不大于 1.0%（体积分数）。未来建设新的乙烯装置或催化重整装置，为了分离出生成油中的芳烃，生产出质量合格的汽油，就必须新建芳烃抽提装置，使汽油组分符合国家使用标准。

催化重整油或裂解汽油组分中含有各种复杂的烃类物质及其同分异构体，这些物质的沸点有些极为接近，而有些物质易形成共沸物，只用简单的蒸馏方式不可能获得高纯度的产物。因此，要获得高纯的芳烃物质，需要经过芳烃抽提才能实现，一般是先通过抽提过程将芳烃和非芳烃分离，得到混合芳烃；然后进行精馏得到满足纯度要求的苯、甲苯和混合二甲苯；最后再将混合二甲苯进一步分离得到最有用的对二甲苯。

工作任务 2　苯乙烯的产品调研

一、苯乙烯的性质及用途

1. 苯乙烯的物理性质

苯乙烯又名乙烯基苯，系无色至黄色的油状液体。具有高折射率和特殊芳香气味。密度 $901.9kg/m^3$，沸点为 $145℃$，凝固点 $-30.4℃$，难溶于水，能溶于甲醇、乙酸及乙醚等溶剂。苯乙烯在高温下容易裂解和燃烧，生成苯、甲苯、甲烷、乙烷、炭、一氧化碳、二氧化碳和氢气等。苯乙烯蒸气与空气能形成爆炸混合物，其爆炸范围为 $1.1\%\sim6.01\%$。毒性中等，空气中最大允许浓度为 $100mg/kg$。

2. 苯乙烯的化学性质

苯乙烯的侧链是 C ═C 双键，所以具有烯烃的性质，化学性质活泼，可发生氧化、还原、氯化等反应，并能与卤化氢发生加成反应。苯乙烯暴露于空气中，易被氧化成醛、酮类。苯乙烯易自聚生成聚苯乙烯（PS）树脂，也易与其他含双键的不饱和化合物共聚。聚合过程中可因温度升高而爆炸。不能长期存放。常加入对苯二酚或对叔丁基邻苯二酚（$2\times 10^{-6}\sim20\times10^{-6}$）作稳定剂，以延缓其聚合。

3. 苯乙烯的用途

苯乙烯是重要的有机化工原料，广泛用于生产塑料、树脂和合成橡胶。此外，苯乙烯还广泛被用于制药、涂料、纺织等工业。苯乙烯是仅次于 PE（聚乙烯）、PVC（聚氯乙烯）、EO（环氧乙烷）的第四大乙烯衍生产品。目前，世界苯乙烯生产能力达 2200 万吨/年，国内生产能力也在 80 万吨/年左右。苯乙烯最大用途是生产聚苯乙烯，另外苯乙烯与丁二烯、丙烯腈共聚，其共聚物可用以生产 ABS 工程塑料；与丙烯腈共聚可得 AS 树脂；与丁二烯共聚可生成丁苯乳胶或合成丁苯橡胶。

我国苯乙烯消费结构如图 6-1 所示。聚苯乙烯泡沫（EPS）是下游最大用户，占据 31% 的苯乙烯市场份额；其次为聚苯乙烯（PS）和 ABS 树脂，分别占苯乙烯市场份额的 22% 和 20%；另外如 ACR（丙烯酸酯类树脂）、聚醚、苯丙乳液、UPR（不饱和聚酯树脂）、SBR 和 SBL（丁苯胶乳树脂）等占比均低于 10%。随着苯乙烯下游产品应用领域的不断拓宽，产品也逐渐趋于高端化。在苯乙烯的下游产品中，EPS 作为建筑节能材料应用量大，市场需求不断增加，预计苯乙烯在 EPS 领域需求增速将达到 6%～

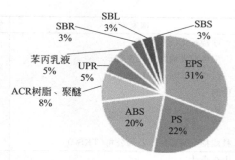

图 6-1　近年来国内苯乙烯的消费结构图

9%。而 PS、ABS 树脂等材料在家用电器和汽车等与人们生活密不可分的工业中的应用十分广泛，因此这些材料的市场需求比较稳定，且近来的发展势头强劲，相应对苯乙烯的需求也持续增长。预计到 2020 年，国内苯乙烯的年需求量将超 1000 万吨。

4. 苯乙烯的生产情况分析

（1）世界苯乙烯的生产情况　2017 年全球苯乙烯总生产能力约达 3418.3 万吨/年。生产主要集中在北美、西欧和亚太地区。其中亚洲地区生产能力为 1823.4 万吨/年，约占世界苯乙烯总生产能力的 53.34%；北美为 592.5 万吨/年，约占世界苯乙烯总生产能力的 17.33%；西欧为 516.5 万吨/年，约占世界苯乙烯总生产能力的 15.11%；中东为 314.0 万吨/年，约占世界苯乙烯总生产能力的 9.18%；中南美地区约为 69.6 万吨/年，约占世界苯乙烯总生产能力的 2.04%；中东欧为 101.5 万吨/年，约占世界苯乙烯总生产能力的 2.97%。预计到 2019 年全球苯乙烯产能将增至 3585.9 万吨/年。

近年来，世界苯乙烯产能已经过剩，国外基本上没有大型苯乙烯装置投产。苯乙烯产业不断进行关停重组，以进行更好的资源整合。2017 年世界苯乙烯主要生产厂家及生产能力见表 6-1。

表 6-1　2017 年世界苯乙烯主要生产厂家及生产能力　　　　　单位：万吨/年

国家或地区	生产能力	国家或地区	生产能力
美国		巴斯夫（BASF SE）	55.0
苯领公司（Styrolution）	127.1	Styron	30.0
利安德巴塞尔（Lyondell Basell）	125.9	比利时　苯领公司（Styrolution）	50.0
Cosmar	115	意大利　Versalis S. p. A	59.5
美国苯乙烯（Americas Styrenics）	95.3	荷兰	
韦斯特莱克（Westlake）	26.1	Ellba	55.0
加拿大		利安德/拜耳（Lyondell/Bayer）	68.0
加拿大壳牌（Shell Canada）	45.0	壳牌化学（Shell Chem Neth）	44.0
苯领公司（Styrolution）	43.1	Styron	50.0
墨西哥　墨西哥石油公司（PEMEX）	15.0	西班牙　雷普索尔化学（Repsol Quimica）	45.0
北美小计	592.5	西欧小计	516.5
巴西	53.6	捷克	17.0
阿根廷（Petrobras Energia）	16.0	波兰	12.0
南美小计	69.6	俄罗斯	72.5
法国　道达尔（Total PC）	60.0	中东欧小计	101.5
德国		沙特阿拉伯	

国家或地区	生产能力	国家或地区	生产能力
沙特石化（SADAF）	115.0	丽川石化（YNCC）	29.0
朱拜勒雪佛龙菲利普斯	77.5	韩国合计	334.5
（Jubail Chevron Phillips）		中国台湾	
伊朗		台湾化学与纤维公司（FCFC）	120.0
Pars PC	60.0	Grand Pacific	37.0
Tabriz PC	9.5	TSMC	34.0
科威特　科威特苯乙烯公司（TKSC）	52.0	中国台湾合计	191.0
中东小计	314.0	新加坡	
日本		Ellba Eastem	55.0
旭化成（Process Remarks Asahi Kasei Chem）	39.0	Serava Chemical	35.0
千叶苯乙烯单体（Chiba Styrene）	27.0	新加坡	
出光石化（Idemitsu Kosan）	55.0	Ellba Eastem	55.0
NS苯乙烯单体（NS Styrene Monomer）	44.0	Seraya Chemical	35.0
太阳铁工化工公司（Taiyo Chemical）	37.0	印度尼西亚　SMI	34.0
日本合计	202	马来西亚　出光苯乙烯（Idemitsu Styrene）	24.0
韩国		泰国	
乐天化学（Lotte Chemical）	58.0	Siam Styrene	30.0
LG化学（LG Chem）	67.0	泰国石化（IRPC）	26.0
三星道达尔（Samsung Total PC）	105.0	东南亚合计	204.0
SKC	40.5	中国大陆	892.7
SK Global Chemical	35.0	世界	3418.3

（2）国内苯乙烯的生产情况　截至2017年底我国苯乙烯产能增至892.7万吨/年。按装置产能所在地分布，华东地区约占44%，而华北及山东地区占比在19%，华南及东北占比在14%，7%分布在西北地区，另外华中地区也有少量炼厂分布。

华东的长三角是国内产能相对集中的地区，其中主要代表企业为上海赛科65万吨/年、镇海炼化62万吨/年、新浦化学32万吨/年。华北地区是国内苯乙烯产能第二大集中区，主要有天津大沽50万吨/年装置，山东玉皇两套装置共计44万吨/年以及中石化旗下的齐鲁、青岛、燕山、天津中沙等项目。华南地区主要是壳牌70万吨/年的产能，其次是中石化的广州、茂名以及新华粤，加之海南的嘉盛石化、中海油东方等；东北地区主要是中石油东北旗下装置及辽通的产能。

2017年我国苯乙烯生产厂家及生产能力见表6-2。预计2020年我国苯乙烯生产能力将达到1200万吨/年左右。

表6-2　我国苯乙烯主要生产厂家及产能　　　　　　　　单位：万吨/年

企业名称	生产能力	采用工艺
中海壳牌（CSPC）	70	采用壳牌SM/PO专利技术和ABB/Lummus乙苯技术
上海赛科（SECCO）（中石化与BP Amoco合资）	67.5	UOP/Lummus
中石化镇海炼化（ZRCC）与利安德（Lyondell）合资公司	62	采用美国利安德化学公司共氧化法生产环氧丙烷联产苯乙烯工艺技术
天津大沽	50	采用美国绍尔集团石伟公司专利技术
青岛碱业	50	美国德西尼布石伟工艺技术公司专利技术
中石油吉林石化	32	UOP/Lummus
	10	UOP/Lummus＋国内等温绝热技术

企业名称	生产能力	采用工艺
江苏利士德化工公司	42	Lummus/Monsanto＋国内技术
新疆独山子	32	UOP/Lummus
新浦化学(泰兴)有限公司	32	分子筛液相烷基化、负压绝热脱氢
新阳科技集团有限公司	30	乙苯脱氢技术
中海油宁波大榭石化有限公司	28	催化干气制乙苯技术

二、苯乙烯的生产路线

苯乙烯的生产路线有许多种。工业上主要是利用乙苯催化脱氢的方法生产苯乙烯。

1. 乙苯催化脱氢制备工艺

乙苯催化脱氢技术是苯乙烯生产制备工艺的主流，是以苯和乙烯为原料，在过量水蒸气存在下进行苯烷基化反应生成乙苯，然后乙苯再催化脱氢生成苯乙烯。该过程利用等温式固定床反应器供给系统能量，最常用的换热方法就是通过高温过热蒸汽直接进行换热。

乙苯催化脱氢制备工艺又主要分为 Fina/Badger 工艺技术及 BASF 工艺技术等。近年来的研究发展，使工艺在催化剂性能、反应器结构和工艺操作条件等方面都有了很大的改进。

其反应方程式如下。

苯烷基化生产乙苯：

$$\text{C}_6\text{H}_6 + \text{C}_2\text{H}_4 \rightleftharpoons \text{C}_6\text{H}_5\text{CH}_2\text{CH}_3$$

乙苯脱氢生产苯乙烯：

$$\text{C}_6\text{H}_5\text{CH}_2\text{CH}_3 \rightleftharpoons \text{C}_6\text{H}_5\text{CH}=\text{CH}_2$$

2. 乙苯氧化脱氢制备工艺

在相对低的温度环境下，乙苯氧化脱氢制备苯乙烯工艺技术充分利用了氧气与氢气反应放出的热量，这在很大程度上降低了反应装置能耗，同时提高了苯乙烯生产效率。目前，应用最为广泛的苯乙烯工艺技术包括 Styro-Plus 工艺和 Smart 工艺。其中，由 UOP 公司研发的 Styro-Plus 工艺即是指乙苯脱氢选择性氧化技术，其核心在于采用分段氧化供热，即利用氧气与氢气反应热量，减少过热蒸汽投入，同时在新建的反应平衡体系中，氢气促进了平衡向苯乙烯生成反向的移动，进而使得乙苯转化率大幅提高。其反应方程式如下：

$$\text{C}_6\text{H}_5\text{CH}_2\text{CH}_3 + 0.5\text{O}_2 \rightarrow \text{C}_6\text{H}_5\text{CH}=\text{CH}_2$$

3. 裂解汽油抽提制备工艺

以石脑油、液化石油气以及柴油等为生产原料，通过蒸汽裂解制乙烯装置提取的裂解油中都含有一定比例的苯乙烯，一般为 4%～6%，随着乙烯生产规模的扩张，其大型化发展在很大程度上提高了裂解汽油中的苯乙烯含量。利用抽提工艺处理方式即可获得苯乙烯。2011 年，在茂名新华粤石化股份有限公司投产建成了 3 万吨/年的裂解汽油制苯乙烯的抽提装置，这是我国采用自主知识产权建成第一套裂解汽油制苯乙烯装置，乙烯资源综合开发利用得以优化。

4. 二氧化碳脱氢法

二氧化碳脱氢法是近几年来兴起的一种新型的苯乙烯合成技术，是通过将二氧化碳替代过热蒸汽作为温和氧化剂，氧化乙苯来制备苯乙烯。乙苯脱氢制备苯乙烯在二氧化碳气氛下的平衡产率，要远大于在水蒸气下的平衡产率，据估算，单位苯乙烯生产能耗从乙苯直接脱氢的 6270MJ/t 减少到新工艺的 794MJ/t，脱氢温度降低至 50℃。本工艺体系属于一套绿色合成体系，在目前我国绿色经济的大政策背景下，得到了充分的重视，这类技术将成为未来的一个发展趋势之一。

总而言之，苯乙烯的应用十分广泛，供需市场的变化决定了其工艺，其工艺技术的研发创新尤为重要和必要。

知识小站 >>>>

在购买食品时会发现食品包装底部有一些图标，有箭头或数字，如 5、6、7 等。其中，数字 6 是聚苯乙烯的标志。这种材料有时会呈现泡沫状，主要用于制作一次性餐盒、水杯和餐具。在所有类型的食品包装材料中，聚苯乙烯的熔点最低。虽然它可以用于盛装温热的食物，但切勿将使用这种材料的食品盒直接加热。

你知道其他数字代表哪些塑料吗？

工作任务3 乙苯脱氢生产苯乙烯的生产原理

一、主、副反应

乙苯脱氢生成苯乙烯的主反应为：

$$\text{苯}-C_2H_5 \longrightarrow \text{苯}-CH=CH_2 + H_2 \qquad \Delta_r H_m^\ominus = 117.8 \text{kJ/mol}$$

在主反应发生的同时，还伴随发生一些副反应，如裂解反应和加氢裂解反应：

$$\text{苯}-C_2H_5 \longrightarrow \text{苯} + CH_2=CH_2$$

$$\text{苯}-C_2H_5 + H_2 \longrightarrow \text{苯}-CH_3 + CH_4$$

$$\text{苯}-C_2H_5 + H_2 \longrightarrow \text{苯} + C_2H_6$$

在水蒸气存在下，还可发生水蒸气转换反应：

$$\text{苯}-C_2H_5 + 2H_2O \longrightarrow \text{苯}-CH_3 + CO_2 + 3H_2$$

高温下可发生生炭反应：

$$\text{苯}-C_2H_5 \longrightarrow 8C + 5H_2$$

此外，产物苯乙烯 $\text{苯}-C_2H_5$ 可能发生聚合反应，生成聚苯乙烯和二苯乙烯衍生物等。聚合副反应的发生，不但会使苯乙烯的选择性下降、消耗原料量增加，而且还会使催化剂因表面覆盖聚合物而活性下降。

二、催化剂

乙苯脱氢反应是吸热反应，在常温常压下其反应速率较小，只有在高温下才具有一定的反应速率，且高温下，裂解反应比脱氢反应更为有利，若要使脱氢反应占主要优势，就必须选择性能良好的催化剂。

乙苯脱氢制苯乙烯曾使用过氧化铁系和氧化锌系催化剂，但后者已在 20 世纪 60 年代被淘汰。氧化铁系催化剂如 $Fe_2O_3\text{-}Cr_2O_3\text{-}KOH$ 或 $Fe_2O_3\text{-}Cr_2O_3\text{-}K_2CO_3$ 等当中，氧化铁为主要活性组分，钾的化合物为助催化剂（可提高活性，减少裂解副反应的进行），氧化铬是稳定剂（可提高催化剂的热稳定性）。此外，这类催化剂还含有 Cr、Ce、Mo、V、Zn、Ca、Mg、Cu、W 等组分。

我国乙苯脱氢催化剂的开发始于 20 世纪 60 年代，兰州化学工业公司开发成功了 315 型催化剂；80 年代中期以后，出现了一系列性能优良的催化剂，人们都致力于研究无铬催化剂。例如上海石油化工研究院的 GS-01 和 GS-05，厦门大学的 XH-03、XH-04，兰州化学工业公司的 335 型 Fe-K-Mo-Co 和 345 型 Fe-K-Ce-Co 及中国科学院大连化物所的 DC 型催化剂等。

乙苯脱氢反应的催化剂应满足下列条件要求：

① 有良好的活性和选择性，能加快脱氢主反应的速率，而又能抑制聚合、裂解等副反应的进行；

② 高温条件下有良好的热稳定性，通常金属氧化物比金属具有更高的热稳定性；

③ 有良好的化学稳定性，以免金属氧化物被氢气还原为金属，同时在大量水蒸气的存在下，不致被破坏结构，能保持一定的强度；

④ 不易在催化剂表面结焦，且结焦后易于再生。

工作任务4　乙苯脱氢生产苯乙烯的工艺条件

一、反应温度

乙苯脱氢是强吸热反应，低温时反应速率很低，平衡转化率也很低。所以升温对脱氢反应有利，可加快反应速率。但烃类物质在高温下不稳定，容易发生许多副反应，甚至分解成炭和氢，选择性下降。在高温下，要使乙苯脱氢反应占优势，除应选择具有良好选择性的催化剂外，同时还必须注意反应温度下催化剂的活性。例如，采用以氧化铁为主的催化剂，其适宜的反应温度为 $600 \sim 660℃$。

二、反应压力

$$\text{C}_6\text{H}_5\text{-}\text{C}_2\text{H}_5 \longrightarrow \text{C}_6\text{H}_5\text{-}CH=CH_2 + H_2$$

根据乙苯脱氢生产苯乙烯的主反应方程式，可知生成苯乙烯的反应是体积增大的反应，降低压力对生成苯乙烯有利，抽真空操作可以降低压力，但不适合高温下操作，装置易漏进空气，发生爆炸。为了保证乙苯脱氢反应在高温减压下安全操作，在工业生产中常采用加入

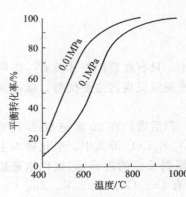

图 6-2　温度和压力对乙苯
脱氢平衡转化率的影响

水蒸气稀释剂的方法降低反应产物的分压，从而达到减压操作的目的。

反应温度、压力对乙苯脱氢平衡转化率的影响如图 6-2 所示。

由图 6-2 可看出，达到同样的转化率，如果压力降低，温度也可以采用较低的温度，或者说，在同样温度下，采用较低的压力，则转化率有较大的提高。苯乙烯的工业生产采用负压脱氢工艺，操作压力为 40～60kPa。

三、水蒸气的用量

用水蒸气作脱氢反应的稀释剂具有下列优点：

① 降低了乙苯的分压，利于提高乙苯脱氢的平衡转化率；

② 可使产物迅速脱离催化剂表面，有利于反应向生成物方向进行；

③ 可以抑制催化剂表面的结焦，保证催化剂的活性；

④ 水蒸气比热容大，可提供反应所需的热量，且易与产物的分离。

水蒸气用量对乙苯转化率的影响如表 6-3 所示。

表 6-3　水蒸气用量对乙苯转化率的影响

反应温度/K	转化率/%		
	水蒸气：乙苯（摩尔比）		
	0	16	18
853	0.35	0.76	0.77
873	0.41	0.82	0.83
893	0.48	0.86	0.87
913	0.55	0.90	0.90

由表 6-3 可知，乙苯转化率随水蒸气用量加大而提高。当水蒸气用量增加到一定程度时，如乙苯与水蒸气之比等于 16 时，再增加水蒸气用量，乙苯转化率提高不显著。在工业生产中，乙苯与水蒸气之比一般为 1：（1.2～2.6）（质量比）。

四、原料纯度要求

为了减少副反应发生，保证生产正常进行，要求原料乙苯中二乙苯的含量 $<4 \times 10^{-6}$，因为二乙苯脱氢后生成的二乙烯基苯容易在分离与精制过程中生成聚合物，堵塞设备和管道，影响生产。另外，要求原料中乙炔 $<10 \times 10^{-6}$（体积分数）、硫（以 H_2S 计）$<2 \times 10^{-6}$（体积分数）、氯（以 HCl 计）$\leqslant 2 \times 10^{-6}$（质量分数）、水 $\leqslant 10 \times 10^{-6}$（体积分数），以免对降低催化剂的活性和寿命。

工作任务 5　乙苯脱氢生产苯乙烯的典型设备

乙苯脱氢制苯乙烯是气固相强吸热反应，因此工艺过程的基本要求是要连续向反应系统供给大量热量，并保证化学反应在高温条件下进行。乙苯脱氢的反应过程反应器按供给热能方式的不同分为列管式等温反应器和绝热式反应器两种。

一、乙苯脱氢列管式等温反应器

乙苯脱氢列管式等温反应器结构如图 6-3 所示。反应器由许多耐高温的镍铬不锈钢管或内衬铜、锰合金的耐热钢管组成，管径为 $100\sim185mm$，管长 3m，管内装催化剂。反应器放在用耐火砖砌成的加热炉内，以高温烟道气为载体，将反应所需热量由反应管外通过管壁传给催化剂层，以满足吸热反应的需要。原料乙苯、水蒸气按比例进入脱氢反应器的管内，在催化剂作用下进行脱氢反应。

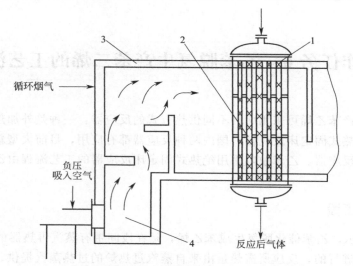

图 6-3　乙苯脱氢列管式等温反应器结构示意图
1—列管反应器；2—圆缺挡板；3—耐火砖砌成的加热炉；4—燃烧喷嘴

二、绝热式固定床反应器

绝热式固定床反应器（以三段绝热式径向反应器为例）结构如图 6-4 所示。反应器每一段均由混合室、中心室、催化剂室和收集室组成。乙苯蒸气和水蒸气进入混合室混合均匀后，由中心室通过侧壁小孔进入催化剂层径向流动，并进行脱氢反应，脱氢产物从外圆筒壁的小孔进入收集室。

绝热式反应器不与外界进行任何热量交换，反应过程中所需要的热量依靠过热水蒸气供给，因此绝热式固定床反应器进出口温差比较大（65℃），工业上常采用多段径向绝热式固定床反应器作为苯乙烯的生产装置，过热水蒸气分别在段间加入，降低了入口温度和进出口温差，减少了水蒸气的用量，弥补了单段绝热反应器的不足。采用径向式，可以减小床层阻力，克服了轴向式压力易增大的缺点，降低了压降，催化剂不易因受压而受损害，可以使用小颗粒催化剂，从而提高了反应速率和转化率，提高了苯乙烯的收率。

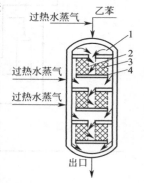

图 6-4　三段绝热式
径向反应器结构
1—混合器；2—中心室；
3—催化剂室；4—收集室

比较这两种类型的反应装置，列管式等温反应器可获得较高的转化率，苯乙烯的选择性也较高，水蒸气耗用量为绝热式固定床反应器的一半，但因其结构复杂，耗用大量特殊合金钢材，制造费用高，所以不适用于大规模的生产装置。而绝热式固定床反应器具有结构简单、耗用特殊钢材少、制造费用低、生产能力大的优点。具体的比较数据见表 6-4。

表 6-4 两种反应器的比较

反应器 项目	列管式等温反应器	绝热式固定床反应器
转化率	40%～45%	35%～40%
苯乙烯选择性	92%～95%	88%～91%
水蒸气耗量	少	多
结构	复杂	简单

工作任务6 乙苯脱氢生产苯二烯的工艺流程

乙苯脱氢生产苯乙烯可采用两种不同供热方式的反应器：一种是外加热列管式等温反应器；另一种是绝热式固定床反应器。国内两种反应器都有应用，目前大型新建生产装置均采用绝热式固定床反应器。乙苯脱氢采用绝热式固定床反应器的工艺流程由乙苯脱氢和苯乙烯精制两部分组成。

一、乙苯脱氢工段

如图 6-5 所示，乙苯催化脱氢生成苯乙烯，是在段间带有蒸汽再热器的两个串联的绝热式径向反应器内进行的，反应所需热量由来自蒸汽过热炉的过热蒸汽提供。在蒸汽过热炉 1

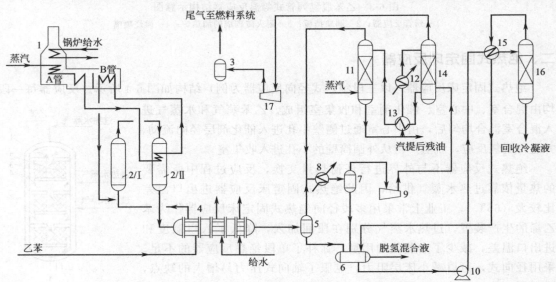

图 6-5 乙苯脱氢反应工艺流程

1—蒸汽过热炉；2/（Ⅰ、Ⅱ）—脱氢绝热径向反应器；3，5，7—气液分离器；4—废热锅炉；
6—油水分离器；8，12，13，15—冷凝器；9，17—压缩机；10—泵；11—残油汽提塔；
14—残油洗涤塔；16—工艺冷凝汽提塔

中，水蒸气在对流段内预热，然后在辐射段的 A 组管内过热到 880℃。此过热蒸汽首先与反应混合物换热，将反应混合物加热到反应温度。然后再去蒸汽过热炉辐射段的 B 管，被加热到 815℃后进入一段脱氢反应器 2。过热的水蒸气与被加热的乙苯在一段反应器的入口处混合，由中心管沿径向进入催化剂床层。混合物经反应器段间再热器被加热到 631℃，然后进入二段脱氢反应器。反应器流出物经废热锅炉 4 换热被冷却回收热量，同时分别产生 3.14MPa 的和 0.039MPa 的蒸汽。反应产物经冷凝冷却降温后，送入气液分离器 5 和 7，不凝气体（主要是氢气和二氧化碳）经压缩去残油洗涤塔 14 用残油进行洗涤，并在残油汽提塔 11 中用蒸汽汽提，进一步回收苯乙烯等产物。

洗涤后的尾气经变压吸附提取氢气，可制纯氢或燃料。反应器流出物的冷凝液进入油水分离器 6，分为烃相和水相。烃相，即脱氢混合液（粗苯乙烯）送至分离精馏部分，水相送至工艺冷凝汽提塔 16，将微量有机物除去，分离出的水循环使用。

二、苯乙烯的分离与精制工段

苯乙烯的分离与精制部分由四台精馏塔和一台薄膜蒸发器组成。其目的是将脱氢混合液分馏成乙苯和苯乙烯，然后循环回脱氢反应系统，并得到高纯度的苯乙烯产品以及甲苯和苯乙烯焦油副产品。本部分的工艺流程如图 6-6 所示。

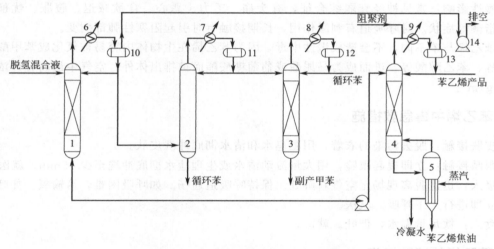

图 6-6　苯乙烯的分离和精制工艺流程

1—乙苯-苯乙烯分馏塔；2—乙苯回收塔；3—苯-甲苯分馏塔；4—苯乙烯精制塔；
5—薄膜蒸发器；6～9—冷凝器；10～13—分离罐；14—排放泵

脱氢混合液送入乙苯-苯乙烯分馏塔 1，经精馏后塔顶得到未反应的乙苯和更轻的组分，作为乙苯回收塔 2 的加料。乙苯-苯乙烯分馏塔为填料塔，系减压操作，同时加入一定量的阻聚剂（对苯二酚），减少苯乙烯自聚物的生成，分馏塔塔底物料主要为苯乙烯及少量焦油，送到苯乙烯精制塔 4。苯乙烯精制塔也是填料塔，它在减压下操作，也要加入阻聚剂，塔釜温度应控制不能超过 90℃。塔顶为产品精苯乙烯，塔底产物经薄膜蒸发器蒸发，回收焦油中的苯乙烯，而残油和焦油作为燃料。乙苯-苯乙烯分馏塔与苯乙烯精制塔共用一台水环真空泵维持两塔的减压操作。

在乙苯回收塔 2 中，塔底得到循环脱氢用的乙苯，塔顶为苯-甲苯，经热量回收后，进入苯-甲苯分馏塔 3 将两者分离。

本流程的特点主要是采用了带有蒸汽再热器的两段径向流动绝热式固定床反应器，在减压下操作，单程转化率和选择性都很高；流程设有尾气处理系统，用残油洗涤尾气以回收芳烃，可保证尾气中不含芳烃；残油和焦油的处理采用了薄膜蒸发器，使苯乙烯回收率大大提高。在节能方面采取了一些有效措施，例如进入反应器的原料（乙苯和水蒸气的混合物）先与乙苯-苯乙烯分馏塔塔顶冷凝液换热，这样既回收了塔顶物料的冷凝潜热，又节省了冷却水用量。

工作任务 7　苯乙烯的安全生产知识

一、苯乙烯的危险性

苯乙烯有毒，毒性比苯弱，对眼和上呼吸道黏膜有刺激和麻醉作用。

急性中毒：高浓度时，立即引起眼及上呼吸道黏膜的刺激，出现眼痛、流泪、流涕、喷嚏、咽痛、咳嗽等症状，继之发生头痛、头晕、恶心、呕吐、全身乏力等；严重者可有眩晕、步态蹒跚的症状。眼部受苯乙烯液体污染时，可致灼伤。

慢性影响：常见神经衰弱综合征，有头痛、乏力、恶心、食欲减退、腹胀、忧郁、健忘、指颤等症状。对呼吸道有刺激作用，长期接触有时引起阻塞性肺部病变。

苯乙烯与苯不同，不会造成慢性中毒，因为苯乙烯在生物体内容易被氧化成苯甲酸、苯基甘醇、苯乙醇酸等，进而成为马尿酸或葡萄糖酸酯而被排出体外。空气中最高容许浓度为 $420mg/m^3$。

二、苯乙烯中毒急救措施

皮肤接触：脱去污染的衣着，用肥皂水和清水彻底冲洗皮肤。

眼睛接触：立即提起眼睑，用大量流动清水或生理盐水彻底冲洗至少 15min。就医。

吸入：迅速脱离现场至空气新鲜处。保持呼吸道通畅。如呼吸困难，给输氧。如呼吸停止，立即进行人工呼吸。就医。

食入：饮足量温水，催吐。就医。

三、苯乙烯的消防措施

苯乙烯蒸气与空气可形成爆炸性混合物，遇明火、高热或与氧化剂接触，有引起燃烧爆炸的危险。苯乙烯若起火，救援人员应尽可能将苯乙烯容器从火场移至空旷处，喷水冷却容器，直至灭火结束。应选择泡沫、二氧化碳、干粉、沙土作灭火剂，用水灭火无效。遇大火，消防人员必须在有防护掩蔽处灭火。

四、苯乙烯的贮运

苯乙烯可发生聚合反应，反应速率随温度的升高而加快，严重时会导致贮罐的"爆聚"。因此在苯乙烯贮运过程中需要加入适量阻聚剂。苯乙烯应贮存于阴凉、通风的库房。远离火种、热源。库温不宜超过 30℃。包装要求密封，不可与空气接触。应与氧化剂、酸类分开存放，切忌混贮。不宜大量贮存或久存。库房应采用防爆型照明、通风设施。贮区禁止使用易产生火花的机械设备和工具，应备有泄漏应急处理设备和合适的收容材料。

知识小站 ▶▶▶

　　聚苯乙烯（PS）是指由苯乙烯单体经自由基加聚反应合成的聚合物，英文名称为 Polystyrene，简称 PS。它是一种无毒、无臭、无色透明的热塑性塑料，具有高于100℃的玻璃化转变温度，因此经常被用来制作各种需要承受开水温度的一次性容器，以及一次性泡沫饭盒等。聚苯乙烯（PS）具有透明、成形性好、刚性好、电绝缘性能好、易染色、低吸湿性和价格低廉等优点，因此可以广泛地应用在仪表外壳、汽车灯罩、照明制品、各种容器、高频电容器、高频绝缘用品、光导纤维、包装材料等。可发性聚苯乙烯由于其质量轻、热导率低、吸水性小、抗冲击性好等优点，广泛地应用于建筑、运输、冷藏、化工设备的保温、绝热和减震材料等方面。

章节练习

一、选择题

1. 目前，工业上苯乙烯主要是由（　　）制得的。
A. 乙苯催化脱氢　　　　　　　　B. 乙苯氧化脱氢
C. 乙烯和苯直接合成　　　　　　D. 以丁二烯为原料合成

2. 目前工业上，乙苯催化脱氢合成苯乙烯的反应器形式有列管式等温反应器和（　　）两种。
A. 升温反应器　　B. 降温反应器　　C. 绝热式反应器　　D. 多段温控反应器

3. 乙苯脱氢反应的特点是（　　）。
A. 可逆吸热　　　B. 不可逆吸热　　　C. 可逆放热　　　D. 不可逆放热

二、填空题

1. 芳烃系列化工产品的生产就是以_____、_____和_____为主要原料生产他们的衍生物。

2. 目前工业上芳烃主要来自_____副产粗苯和煤焦油；制乙烯副产裂解汽油和_____产物重整汽油三个途径。

3. 苯乙烯易发生聚合，所以运送过程中要加_____，最好采用_____容器（密封、敞口）。

三、简答题

1. 写出乙苯脱氢生产苯乙烯的主反应方程式和主要副产物。
2. 分析如何选择乙苯脱氢生产苯乙烯的操作温度。
3. 乙苯脱氢生产苯乙烯时为什么要加入水蒸气？

参 考 文 献

[1] 梁凤凯，舒均杰．有机化工生产技术．北京：化学工业出版社，2003.
[2] 梁凤凯，陈学梅．有机化工生产技术与操作．北京：化学工业出版社，2015.
[3] 马长捷，刘振河．有机产品生产运行控制．北京：化学工业出版社，2011.
[4] 王焕梅．有机化工生产技术．北京：高等教育出版社，2007.
[5] 窦锦民．有机化工工艺．北京：化学工业出版社，2012.
[6] 陈群．化工生产技术．北京：化学工业出版社，2010.
[7] 季锦林，石荣荣．有机化工生产综合操作与控制．北京：化学工业出版社，2014.
[8] 舒均杰．基本有机化工工艺学．北京：化学工业出版社，2010.
[9] 栗莉．有机化工工艺及设备．大连：大连理工大学出版社，2016.
[10] 赵晨阳．化工产品手册：有机化工原料．第 6 版．北京：化学工业出版社，2016.